# トクとトクイになる！ 小学ハイレベルワーク
# 5年 算数　もくじ

**✦ 特別ふろく ✦**

1　巻末ふろく　　しあげのテスト
2　WEBふろく　　WEBでもっと解説
3　WEBふろく　　自動採点CBT

**WEB CBT（Computer Based Testing）の利用方法**
コンピュータを使用したテストです。パソコンで下記 WEB サイトへアクセスして，アクセスコードを入力してください。スマートフォンでのご利用はできません。

アクセスコード／Embbbb95
https://b-cbt.bunri.jp

JN085427

# この本の特長と使い方

## この本の構成

### 標準レベル ✦

実力を身につけるためのステージです。
教科書で学習する，必ず解けるようにしておきたい標準問題を厳選して，見開きページでまとめています。
例題でそれぞれの代表的な問題に対する解き方を確認してから，演習することができます。
学習事項を体系的に扱っているので，単元ごとに，解けない問題がないかを確認することができるほか，先取り学習にも利用することができます。

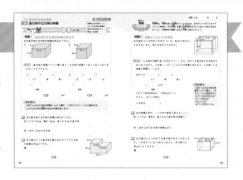

### ハイレベル ✦✦

応用力を養うためのステージです。
「算数の確かな実力を身につけたい！」という意欲のあるお子様のために，ハイレベルで多彩な問題を収録したページです。見開きで１つの単元がまとまっているので，解きたいページから無理なく進めることができます。教科書レベルを大きくこえた難しすぎる問題は出題しないように配慮がなされているので，無理なく取り組むことができます。各見開きの最後にある「できたらスゴイ！」にもチャレンジしてみましょう！

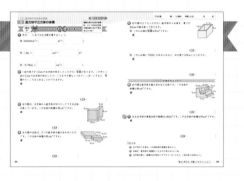

### 思考力育成問題

知識そのものでなく，知識をどのように活用すればよいのかを考えるステージです。
普段の学習では見落とされがちですが，これからの時代には，「自分の頭で考え，判断し，表現する学力」が必要となります。このステージでは，やや長めの文章を読んだり，算数と日常生活が関連している素材を扱ったりしているので，そうした学力の土台を形づくることができます。肩ひじを張らず，楽しみながら取り組んでみましょう。

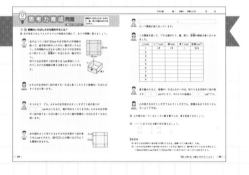

それぞれの問題に，以下のマークのいずれかが付いています。

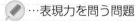…思考力を問う問題    ✏…表現力を問う問題    …判断力を問う問題

**とりはずし式**
**答えと考え方**    ていねいな解説で，解き方や考え方をしっかりと理解することができます。
まちがえた問題は，時間をおいてから，もう一度チャレンジしてみましょう。

『トクとトクイになる！ 小学ハイレベルワーク』は，教科書レベルの問題ではもの足りない，難しい問題にチャレンジしたいという方を対象としたシリーズです。段階別の構成で，無理なく力をのばすことができます。問題にじっくりと取り組むという経験によって，知識や問題に取り組む力だけでなく，「考える力」「判断する力」「表現する力」の基礎も身につき，今後の学習をスムーズにします。

## おもなマークやコーナー

マーク

「ハイレベル」の問題の一部に付いています。複数の要素を扱う内容や，複雑な設定が書かれた文章題などの，応用的な問題を表しています。自力で解くことができれば，相当の実力がついているといえるでしょう。ぜひチャレンジしてみましょう。

物知り算数豆知識

「標準レベル」の見開きそれぞれについている，算数にまつわる楽しいこぼれ話のコーナーです。勉強のちょっとした息抜きとして，読んでみましょう。

## 役立つふろくで，レベルアップ！

**❶ トクとトクイに！ しあげのテスト**

この本で学習した内容が確認できる，まとめのテストです。学習内容がどれくらい身についたか，力を試してみましょう。

**❷ さらに深めよう！ WEBでもっと解説**

読むだけで勉強になる，WEB掲載の追加の解説です。
問題を解いたあとで，あわせて確認しましょう。
右のQRコードからアクセスしてください。

**❸ 一歩先のテストに挑戦！ 自動採点CBT**

コンピュータを使用したテストを体験することができます。専用サイトにアクセスして，テスト問題を解くと，自動採点によって得意なところ（分野）と苦手なところ（分野）がわかる成績表が出ます。

### 「CBT」とは？

「Computer Based Testing」の略称で，コンピュータを使用した試験方式のことです。受験，採点，結果のすべてがコンピュータ上で行われます。
専用サイトにログイン後，もくじに記載されているアクセスコードを入力してください。

https://b-cbt.bunri.jp

※本サービスは無料ですが，別途各通信会社からの通信料がかかります。
※推奨動作環境：画角サイズ 10インチ以上 横画面
　[PCのOS] Windows10以降 [タブレットのOS] iOS14以降
　[ブラウザ] Google Chrome（最新版） Edge（最新版） safari（最新版）
※お客様の端末およびインターネット環境によりご利用いただけない場合，当社は責任を負いかねます。
※本サービスは事前の予告なく，変更になる場合があります。ご理解，ご了承いただきますよう，お願いいたします。

答え▶2ページ

# 1 整数と小数のしくみ，整数×小数

小数のしくみを理解して，整数と小数のかけ算，わり算ができるようになろう！

## 例題1 小数のしくみとかけ算，わり算

次の計算をしましょう。

① 1.86×100

② 35.7÷1000

**とき方** 整数や小数を10倍，100倍，1000倍すると，位は1けたずつ上がり，小数点の位置は右に1けたずつうつります。$\frac{1}{10}$，$\frac{1}{100}$，$\frac{1}{1000}$にすると，位は1けたずつ下がり，小数点の位置は左に1けたずつうつります。

① 1.86×10 = ⬜ ⎫10倍
18.6×10 = ⬜ ⎭10倍 ⎫100倍

② 35.7÷10 = ⬜ $\frac{1}{10}$
3.57÷10 = ⬜ $\frac{1}{10}$ ⎫$\frac{1}{1000}$
0.357÷10 = ⬜ $\frac{1}{10}$

**1** 次の計算をしましょう。

❶ 45.2×10

❷ 7.24×100

❸ 0.352×1000

**2** 0.017を，10倍，100倍，1000倍した数はそれぞれいくつですか。

10倍（　　　　　）　100倍（　　　　　）　1000倍（　　　　　）

**3** 次の計算をしましょう。

❶ 18.1÷10

❷ 12.7÷100

❸ 41.27÷1000

**4** 次の数は，2375を何分の一にした数ですか。分数の形で答えましょう。

❶ 23.75

❷ 237.5

❸ 2.375

 物知り　算数　豆知識

11×11=121, 111×111=12321, 1111×1111=1234321と，「11…1」どうしの積は，まん中の数がいちばん大きくて，左右のけたが1ずつ少なくなるきれいなかけ算になっているよ！

### 例題2　整数×小数の計算
次の計算をしましょう。
60×3.2

**とき方**　かける数を10倍して整数になおし，整数×整数の計算をして，積を10でわります。

60×3.2
×10　かける数を整数にします。

60×□＝□　← 整数×整数のかけ算をします。

60×3.2＝□　÷10 積を10でわります。

**さんこう**
60×3.2
＝(60÷10)×(3.2×10)
＝6×32
（かけられる数÷10）×（かける数×10）
として計算してもよいです。

**5** 次の計算をしましょう。

❶ 20×1.8　　❷ 40×2.4　　❸ 30×3.6

❹ 70×1.3　　❺ 50×3.3　　❻ 92×2.1

❼ 17×4.9　　❽ 63×5.1　　❾ 87×4.2

**6** 1mのねだんが70円のはり金1.1mの代金と，0.8mの代金のうち，70円より安いのはどちらですか。

式

答え（　　　　　　　）

# 1 整数と小数のしくみ，整数×小数

答え▶2ページ

文章題では，かけ算の式になるのかわり算の式になるのかを考えよう！

**1** 次の計算をしましょう。

❶ 1000×0.1002×10

❷ 100×2.3104×100

❸ 123.7÷10÷100

❹ 0.1÷100×1000

**2** 18.5Lのジュースを10人で同じ量ずつ分けました。さとるさんは1人分のジュースを家に持ち帰り，10個のコップに同じ量ずつ分けました。1個のコップに入っているジュースの量は何Lですか。

式

答え（　　　　　　　　）

**3** 1個の重さが7.55gのおはじきが100個と，1個の重さが74.8gのボールが10個あります。おはじき100個とボール10個の重さは，どちらが何g重いですか。

式

答え（　　　　　　　　）

**4** 米が8.3kgあります。1日に100gずつ食べると，米は何日でなくなりますか。

式

答え（　　　　　　　　）

**5** 325×128＝41600です。次の計算をしましょう。

❶ 32.5×100×1.28÷100

❷ 3.25×10×12.8÷1000

〜〜〜〜〜〜〜〜〜〜☆☆☆ **できたらスゴイ！** 〜〜〜〜〜〜〜〜〜〜

**❻** 次の計算をしましょう。

**❶** 18×13.5

**❷** 260×1.35

**❸** 45×22.2

**❹** 1550×0.24

**❺** 720×1.5×1.2

**❼** 0，3，5，6，8，小数点(.)が書いてある6まいのカードが1まいずつあります。この6まいのカードをすべて使って，小数を作ります。

| 0 | 3 | 5 |
| 6 | 8 | . |

**❶** 小数第三位までの小数を作ります。いちばん小さい小数はいくつですか。

（　　　　　　　　）

**❷** 小数第四位までの小数を作ります。いちばん大きい小数はいくつですか。

（　　　　　　　　）

**❽** 1mの重さが72gのロープがあります。このロープ425cmの重さは何kgですか。

**式**

答え（　　　　　　　　）

❗**ヒント**

**❻** (整数)×(整数)の何分の一になっているか考えよう。

**❼** ❶ 0を小数第何位にすればよいか考えよう。

　　❷ 小数第四位の数を0にすると，小数第三位までの小数になってしまうことに注意しよう。

**❽** 答えの単位がkgであることに注意しよう。

## 2 小数×小数

答え▶3ページ

確かめよう ・・・・・ ✦ ✦✦ **標準** レベル ✦✦ ✦ ・・・・・

> 小数と小数のかけ算では，筆算のあとの積の小数点の位置に気をつけよう！

---

**例題1** 小数×小数の筆算

次の計算を筆算でしましょう。

3.46×2.4

**とき方** 小数点がないものとして整数の筆算と同じように計算します。積に，かけられる数とかける数の小数点の右のけた数の和の数だけ，右から数えてうちます。

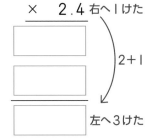

```
    3.4 6 右へ2けた
 ×    2.4 右へ1けた
┌──────┐
│      │
└──────┘  ⎰ 2+1
┌──────┐
│      │
└──────┘
┌──────┐
│      │  左へ3けた
└──────┘
```

**📖さんこう**

3.46×2.4＝(3.46×100)×(2.4×10)÷1000
　　　　　＝346×24÷1000
　　　　　＝8.304　の計算を筆算でしています。

---

**1** 次の計算をしましょう。

❶　　 1 8.6
　　 ×　 3.4

❷　　 9.2 3
　　 ×　 1.9

❸　　 2 3.7
　　 ×　 1.4

❹　　 0.6 3
　　 ×　 2.8

❺　　 6 5.8
　　 ×　 5.9

❻　　 4.0 7
　　 ×2.2 3

**2** 次の計算をしましょう。

❶ 16.8×6.2

❷ 0.74×1.7

❸ 38.2×2.5

物知り
算数
豆知識

11111×11111＝123454321だね。式の「1」のけた数が5けたであれば，積のまん中の数は「5」になるんだね。何けたの「11…1」のかけ算でも，同じ性質があるよ。

## 例題2 小数×小数の利用

たての長さが4.8cm，横の長さが7.3cmの長方形があります。この長方形の面積は何cm²ですか。

**とき方** 長方形の面積＝たての長さ×横の長さ　で求められます。たてや横の長さが小数でも，整数のときと同じように公式を使って面積を求めることができます。

$$4.8 \times 7.3 = \boxed{\phantom{xxxx}}$$
たて　　　横　　面積

```
        4.8
   ×    7.3
  ┌──────────┐
  └──────────┘
  ┌──────────┐
  └──────────┘
  ┌──────────┐
  └──────────┘
```

👉**たいせつ**
面積を求めるとき，辺の長さが小数でも，整数のときと同じように公式を使って求めることがポイントです。

**答え** [　　　　　] cm²

---

**3** 1辺の長さが4.5cmの正方形があります。この正方形の面積は何cm²ですか。

　式

**答え** (　　　　　　　　)

**4** たての長さが3.8m，横の長さが10.5mの長方形の花だんがあります。この花だんの面積は何m²ですか。

　式

**答え** (　　　　　　　　)

**5** 積が12より大きくなるものは㋐～㋓のどれですか。すべて選び，記号で答えましょう。

　㋐　1.2×10.02　　㋑　0.12×99.9　　㋒　0.12×12.2　　㋓　0.012×1200.1

(　　　　　　　　)

答え▶3ページ

## 2 小数×小数

 ✦✦✦ **ハイ** レベル

文章題では，かけられる数とかける数をしっかり読みとって式をつくろう！

① 次の計算をしましょう。

① 5.2×3.5

② 0.37×8.3

③ 0.64×9.7

④ 12.4×0.25

⑤ 0.08×3.9

⑥ 77.4×0.08

② 1mの重さが1.8kgの鉄のぼうがあります。5.6mの鉄のぼう4本分の重さは何kgですか。

式

答え（　　　　　　　）

③ 1mの重さが2.75kgのロープを5.2m買い，重さが400gの箱に入れます。ロープと箱をあわせた重さは何kgですか。

式

答え（　　　　　　　）

④ 長さが0.8mの赤のリボンがあります。青のリボンの長さは赤のリボンの長さの1.4倍で，白のリボンの長さは青のリボンの長さの2.5倍です。赤，青，白のリボンは2本ずつあります。すべてのリボンの長さをあわせた長さは何mですか。

式

答え（　　　　　　　）

**5** 次の計算をくふうしてしましょう。

**①** 0.04×19.99×2.5

**②** 0.2×276.9×0.05

**③** 13.8×0.995＋86.2×0.995

**④** 52.34×2.7－42.34×2.7

### ✦✦✦ できたらスゴイ！

**6** 右の図の，長方形と正方形を組み合わせた形
の面積は何cm²ですか。

式

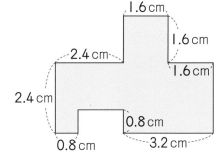

**答え** (　　　　　　　　　　)

**7** 自動車Ａは，ガソリン1Lで11.2km走ります。自動車Ｂは，ガソリン1Lで
12.1km走ります。

**①** 自動車Ａは22.4Lのガソリンを入れて走り始めました。ガソリンを8.5L使って
走ったとき，走ったきょりは何kmですか。また，残りのガソリンをすべて使い
切るまで走るとき，あと何km走ることができますか。

式

**答え** 走ったきょり (　　　　　　　　)

　　　残りのガソリンを使って走ることができるきょり (　　　　　　　　　　　)

**②** 自動車Ａがガソリンを3.5L使ったときと自動車Ｂがガソリンを3.2L使ったと
きでは，走ったきょりは，どちらの自動車が何km多いですか。

式

**答え** 自動車 (　　　　　　　　) が (　　　　　　　　) km多い

**！ヒント**

**5** 積が0.1や0.01や100になる数の組み合わせをさがしてみよう。

**6** 図を正方形や長方形に分けてそれぞれの面積を考えよう。

**7** **②** 自動車Ａと自動車Ｂが走ったきょりをそれぞれ求めよう。

「答えと考え方」を読んでおさらいしよう！　　**11**

## 3 整数÷小数

確かめよう ・・・・・ 標準 レベル ・・・・・

整数÷小数の計算ができるようになり，わる数と商の大きさの関係がわかるようになろう！

### 例題1 整数÷小数

次の計算をしましょう。

$700 \div 3.5$

**とき方** わられる数とわる数をどちらも10倍し，わる数を整数になおし，整数÷整数の計算をします。

$700 \quad \div \quad 3.5$

×10 　×10　わられる数，わる数に10をかけてわる数を整数にします。

$(700 \times 10) \div (3.5 \times 10)$

$\boxed{\phantom{000}} \div \boxed{\phantom{000}} = \boxed{\phantom{000}}$ 　整数÷整数のわり算をします。

商は等しくなります。

$700 \quad \div \quad 3.5 = \boxed{\phantom{000}}$

**さんこう**

$700 \div 3.5$
$= (700 \div 35) \times 10$
$= 20 \times 10$
（わられる数÷わる数の10倍）×10
として計算してもよいです。

---

**1** 次の計算をしましょう。

❶ $600 \div 1.5$

❷ $960 \div 1.2$

❸ $56 \div 0.14$

❹ $378 \div 2.8$

❺ $215 \div 1.25$

❻ $287 \div 0.82$

---

**2** はり金を3.8m買ったら，代金は703円でした。このはり金1mのねだんはいくらですか。

式

答え（　　　　　　　）

3.5(=7÷2)，1.125(=9÷8)など，整数どうしのわり算で表される数のことを，「有理数」というよ。整数のわり算で表されない数もあって，そちらは「無理数」というんだ。

---

例題2 **商の大きさ**

0.9mの代金が990円のぼうと，1.1mの代金が990円のぼうをそれぞれ1m買いました。1mのねだんが990円よりも高いのはどちらですか。

とき方　わられる数はどちらも990です。わる数が0.9と1.1のときの商の大きさをくらべます。

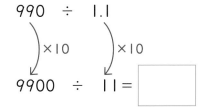

990　÷　0.9　　　　　　990　÷　1.1

（×10　　）×10　　　　　（×10　　）×10

9900　÷　9＝ ☐　　　　9900　÷　11＝ ☐

990÷0.9＝ ☐　　　　990÷1.1＝ ☐

👆**たいせつ**
わる数が1より小さいとき，商はわられる数よりも大きくなることがポイントです。

答え ☐ mの代金が990円のぼう

---

**3** 1.05Lの代金が630円の調味料と，9dLの代金が630円の調味料をそれぞれ1L買いました。1Lのねだんが630円より高いのはどちらですか。

式

答え（　　　　　　　　　　　　　　　　　　　　　　）

**4** 商が15より大きくなるのは㋐〜㋕のどれですか。すべて選び，記号で答えましょう。

㋐　15÷1.05　　　　㋑　15÷0.08　　　　㋒　15÷1.101

㋓　150÷10.2　　　㋔　1500÷0.99　　　㋕　15÷0.005

（　　　　　　　　　）

答え▶5ページ

## 3 整数÷小数

深めよう

**ハイ** レベル

> 文章題では，わられる数とわる数がどれかを考えよう！

1 次の計算をしましょう。

❶ $96 \div 0.24$　　　❷ $598 \div 1.3$　　　❸ $936 \div 9.75$

2 1.64mの重さが492gのロープがあります。このロープ10cmの重さは何gですか。

式

答え（　　　　　　　　　）

3 2.7mの金ぞくのぼうAの重さをはかると729gでした。8.96mの金ぞくのぼうBの重さをはかると2.24kgでした。金ぞくのぼうA1mと金ぞくのぼうB1mは，どちらが何g重いですか。

式

答え（　　　　　　　　　）

4 270cmの赤のひごと135cmの青のひごがあります。赤のひごと青のひごの重さはどちらも216gです。赤のひご1mと青のひご1mの重さは，どちらがどちらの何倍ですか。

式

答え（　　　　　　　　　）

5 $235 \div \square$　の□に小数第二位までのある数を入れて計算すると，商は235よりも大きくなりました。□に入る数の中でいちばん大きい数はいくつですか。

（　　　　　　　　　）

✦✦✦ **できたらスゴイ！**

**⑥** 次の計算をしましょう。

❶ 175÷0.875

❷ 2÷0.0125

**⑦** ある数を2.5倍して，積に2.3をたすと87.3になりました。ある数はいくつですか。

式

答え（　　　　　　　　　）

**⑧** 1個2.4gのビー玉が25個と，1個3.6gのおはじきが何個かあり，すべてのビー玉とおはじきの重さの合計は114gです。おはじきは何個ありますか。

式

答え（　　　　　　　　　）

**⑨** 道路のはしからはしまで1.2mごとにさくらの木を25本植える予定で用意しましたが，0.8mごとに植えることにしました。さくらの木はあと何本用意すればよいですか。

式

答え（　　　　　　　　　）

**!ヒント**

⑦ まず，積がいくつか求めよう。

⑧ おはじきだけの重さは何gかを考えよう。

⑨ 道路のはしからはしまでのきょりは，（さくらの木と木の間のきょり）×（さくらの木の本数－1）であることに注意しよう。

## 4 小数÷小数

小数と小数のわり算では，商，あまりの小数点の位置に気をつけよう！

確かめよう　⋯ ✦ ✧ ⋯ 標準レベル ⋯⋯⋯

### 例題1　小数÷小数

次の計算を筆算でしましょう。②は，商は一の位まで求めて，あまりも出しましょう。

① 4.48÷1.6　　　　② 3.8÷2.5

**とき方**　わられる数とわる数に10をかけ，わる数を整数として筆算をします。商には，わられる数の小数点にそろえて小数点をうちます。

①
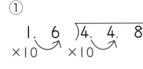
わる数が整数になるように小数点を右にうつします。

わられる数の小数点にそろえて小数点をうちます。

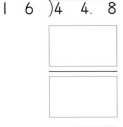
わる数が整数のときと同じように筆算をすすめます。

②

①と同じように筆算をします。

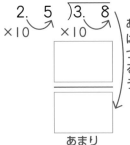
あまりの小数点は，小数点をうつす前のわられる数にそろえてうちます。

あまり

📖**さんこう**
①4.48÷1.6
=(4.48×10)÷(1.6×10)
=44.8÷16　の計算を筆算でしています。

**1** 次の計算をしましょう。わりきれないときは，商は一の位まで求めて，あまりも出しましょう。

❶ 23.1÷4.2　　❷ 22.5÷1.8　　❸ 34.9÷8.2

いちばん有名な無理数の1つは，円周率だよ。「円周率3.141592…」は，どこまでも続いて，なおかつ数字のならびがくりかえしにならないから，大きいけたを計算するのにコンピュータが必要なんだよ。

---

### 例題2 小数の倍

大きい荷物の重さは20kg，小さい荷物の重さは8kgです。

① 大きい荷物の重さは，小さい荷物の重さの何倍ですか。

② 小さい荷物の重さは，大きい荷物の重さの何倍ですか。

**とき方**　①大きい荷物の重さ÷小さい荷物の重さ，②小さい荷物の重さ÷大きい荷物の重さ　の式で何倍かを求めます。

①　$\underset{\substack{\text{大きい荷}\\\text{物の重さ}}}{20}$ ÷ $\underset{\substack{\text{小さい荷}\\\text{物の重さ}}}{8}$ = ☐　　**答え** ☐ 倍

②　$\underset{\substack{\text{小さい荷}\\\text{物の重さ}}}{8}$ ÷ $\underset{\substack{\text{大きい荷}\\\text{物の重さ}}}{20}$ = ☐　　**答え** ☐ 倍

**たいせつ**
もとにする大きさをどちらにするかが変わると，倍を表す数も変わります。

---

**2** 白のリボンの長さは7.2m，青のリボンの長さは3.6m，赤のリボンの長さは4.32mです。青のリボンの長さをもとにすると，白のリボンの長さと赤のリボンの長さはそれぞれ何倍ですか。

**式**

**答え**　白のリボン（　　　　　　　　　）　赤のリボン（　　　　　　　　　）

**3** りんごジュースが1.5L，オレンジジュースが1.35L，レモンジュースが2.7Lあります。オレンジジュース，レモンジュースのかさは，それぞれりんごジュースの何倍ですか。

**式**

**答え**　オレンジジュース（　　　　　　　　　）　レモンジュース（　　　　　　　　　）

## 4 小数÷小数

深めよう　　★ ★ ★ ★ ★ ★ ★ ハイ レベル

わり算をしてあまりが
出るときには，あまり
をどのように考えるか
に注意しよう。

**①** 次の計算をしましょう。

❶ $6.48 \div 0.09$　　　　❷ $65.52 \div 9.1$　　　　❸ $1.974 \div 0.21$

**②** 次の計算をしましょう。商は小数第一位まで求めて，あまりも出しましょう。

❶ $8.3 \div 2.6$　　　　❷ $5.04 \div 1.5$　　　　❸ $1.9 \div 0.24$

**③** 牛にゅうが40.7Lあります。この牛にゅうを0.27L入るびんに分けていきます。
すべての牛にゅうをびんに入れるには，びんはいちばん少なくて何本いりますか。

式

答え（　　　　　　　　　）

**④** 面積が73.5m²の長方形の花だんのたての長さは9.6mです。横の長さは何mです
か。四捨五入して，上から2けたのがい数で求めましょう。

式

答え（　　　　　　　　　）

**⑤** 動物園にいるパンダの体重は現在76.2kgです。この体重は，前回はかったとき
の体重の1.2倍でした。前回はかったときのパンダの体重は何kgですか。

式

答え（　　　　　　　　　）

**6** 次の計算をしましょう。

❶ $0.8 \div 0.1 \div 0.2$

❷ $2 \div 0.1 \div 0.02$

❸ $12.5 \div (0.2 \div 0.04)$

❹ $16.8 \div (0.8 \times 0.3)$

### ✦✦✦ できたらスゴイ！

**7** 1mの重さが4.6gの赤のひもが9mと，1mの重さがわからない白のひもがあわせて11.7mあります。すべての赤のひもと白のひもの重さの合計は51.66gです。白のひも1mの重さは何gですか。

式

答え（　　　　　　）

**8** 8.4をある整数でわると，小数第一位までの計算は0.2となり，わりきれずあまりが出ました。ある整数は①以上②以下です。□にあてはまる数はいくつですか。

式

答え　①（　　　　　　）　②（　　　　　　）

**9** 図かんのねだんは2500円で，小説のねだんの1.25倍です。小説のねだんはざっしのねだんの3.2倍です。ざっしのねだんはいくらですか。

式

答え（　　　　　　）

**！ヒント**

**7** 赤のひも全部の重さを求めてから，白のひも全部の重さを求めよう。

**8** 商の小数第一位に2が立つとあまりが出て，3は立たないことから考えよう。

**9** 図かんのねだんをもとにして，小説，ざっしのねだんを順に考えよう。

「答えと考え方」を読んでおさらいしよう！　　19

# 思考力育成問題

答え▶7ページ

小数×小数の筆算のしかたを
順番に整理して，整数×整数
の筆算とのちがいを考えよう。

## 🔍✏️ 小数のかけ算のしくみを説明しよう！

　3.45×6.7の筆算のしかたを，そのやり方を知らないロボットに教えようと思います。

```
        3 . 4   5
    ×     6 . 7
    ─────────────
      ア イ   ウ   エ
    オ カ キ   ク
    ─────────────
  ケ コ サ   シ   ス
```

手順①　345× ①　 を計算します。結果は右の
　　　　筆算のア〜スの記号を使ってアイウエです。

手順②　345× ②　 を計算します。結果は右の
　　　　筆算のア〜スの記号を使ってオカキクです。

手順③　エ＝ス　とします。

手順④　ウ＋クを計算します。一の位の数をシとします。

手順⑤　 ③　 を計算し，さらに手順④のたし算の結果に十の位が
　　　　あればその数をたします。一の位の数をサとします。※③には記号のた
　　　　し算の式が入ります。

手順⑥　ア＋カを計算し，さらに手順⑤のたし算の結果に十の位があればその数
　　　　をたします。一の位の数をコとします。

手順⑦　 ④　 に，手順⑥のたし算の結果に十の位があればその数をたしま
　　　　す。その結果をケとします。

手順⑧　コとサの間に小数点をうちます。

⭐ 次の問題に答えましょう。

❶ ①〜④にあてはまる数や式や記号を答えましょう。

①（　　　）　②（　　　）　③（　　　　　）　④（　　　）

❷ 3.45×6.7の筆算で，ア〜スにあてはまる数を答えましょう。

ア（　　　　）　　　イ（　　　　）　　　ウ（　　　　）　　　エ（　　　　）

オ（　　　　）　　　カ（　　　　）　　　キ（　　　　）　　　ク（　　　　）

ケ（　　　　）　　　コ（　　　　）　　　サ（　　　　）　　　シ（　　　　）

ス（　　　　）

手順⑧の理由を次のように説明します。

手順①〜⑦では，3.45を ⑤ 倍，6.7を ⑥ 倍した積である
345×67の筆算の数字をあてはめています。

⑤ × ⑥ ＝ ⑦ なので，0の個数 ⑧ 個分だけ小数
点が右にうつっていることがわかります。

このことから，3.45×6.7の答えは，手順①〜⑦で求めた答えの右から
⑧ けた数えて，コとサの間に小数点をうちます。

❸ ⑤〜⑧にあてはまる数を答えましょう。

⑤（　　　　）　⑥（　　　　）　⑦（　　　　　　）　⑧（　　　　）

❹ 0.345×67の筆算では，答えのどの数とどの数の間に小数点をうちますか。

（　　　　　と　　　　　の間）

!ヒント

❶ サはウ＋クとどこのたし算で決まるか考えよう。

❸，❹ 小数を10倍すると小数点は右に1つ，100倍すると右に2つうつるよ。10でわると小数点
は左に1つ，100でわると左に2つうつるね。

答え▶8ページ

# 5 直方体や立方体の体積

 確かめよう ✦✦✦ 標準 レベル

体積の公式を使っていろいろな立体の体積の求め方をおぼえよう！単位にも注意！

## 例題1 直方体や立方体の体積の求め方

次の直方体や立方体の体積は何cm³ですか。

①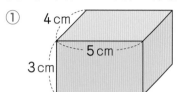
4cm 5cm 3cm

②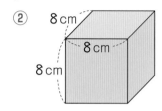
8cm 8cm 8cm

**とき方** 直方体の体積＝たて×横×高さ，立方体の体積＝１辺×１辺×１辺で求めることができます。

①
たて × 横 × 高さ
＝ 体積

②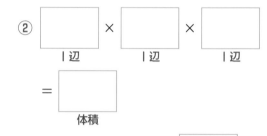
１辺 × １辺 × １辺
＝ 体積

**答え** [　] cm³　　　　**答え** [　] cm³

### 👉たいせつ
１辺が１cmの立方体の体積は１cm³と書き，１立方センチメートルと読みます。
１cm³の立方体の個数が全体の体積を表します。

---

**1** 次の直方体や立方体の体積は何cm³ですか。

❶ たてが10cm，横が13cm，高さが7cmの直方体

（　　　　　　）

❷ １辺が12cmの立方体

（　　　　　　）

**2** 右の図のような直方体を組み合わせてできた立体の体積は何cm³ですか。

**式**

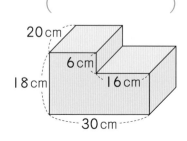
20cm 6cm 16cm 18cm 30cm

**答え** （　　　　　　）

円周率は，円周の長さを直径でわったものだね。古代ギリシアのアルキメデスという学者が，円の内側と外側に正多角形をえがいてまわりの長さをはかることで，円周率を小数第二位まで正確に求めたんだって。

## 例題2　容積といろいろな単位

右の図のような内のりの水そうには，何m³の水が入りますか。また，何Lの水が入りますか。

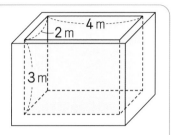

**とき方**　入れ物の内側の長さを内のりといいます。内のりを直方体や立方体の公式にあてはめて，入れ物いっぱいに入るものの体積を求めます。入れ物に入る体積を容積といいます。

内のりの　□　×　□　×　□
　　　　　たて　　　横　　　高さ

＝　□　(m³)
　　容積

1m³＝1000000cm³　　1000cm³＝1L
だから，1m³＝1000L

入る水は　□　　L

**たいせつ**

1辺が1mの立方体の体積を1m³と書き，1立方メートルと読みます。
1m³＝1000000cm³
1L＝1000cm³
1mL＝1cm³
1m³＝1000L＝1kL

---

**3** 次の体積を求め，（　）の中の単位で答えましょう。

❶ たて5m，横8m，高さ2mの直方体の体積(L)

❷ 1辺が2mの立方体の体積(cm³)

**4** 右の図のような内のりの直方体の水そうがあります。この水そうに2Lの水を入れると，水の深さは何cmになりますか。

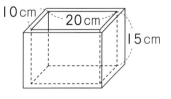

**式**

**答え** （　　　　　　　　　　　）

## 5 直方体や立方体の体積

答え▶8ページ

深めよう ★★★ ハイレベル

> 複雑な形の立体の体積は，いくつかの立方体や直方体に分けて考えるといいね！

❶ 次の □ にあてはまる数を書きましょう。

❶ $20000cm^3 =$ ____ $m^3 =$ ____ L

❷ $1.3kL =$ ____ $cm^3 =$ ____ $m^3$

❸ $15.78mL =$ ____ $cm^3 =$ ____ L

❷ 1辺の長さが12cmの立方体の形をしたふたのない容器があります。この中に1辺が2cmの立方体の形をしたさいころをすき間なくつめていっぱいにすると，何個のさいころを入れることができますか。

式

答え（　　　　　　　）

❸ 右の図は，立方体から直方体を切りとってできる立体を表しています。この立体の体積は何$cm^3$ですか。

式

答え（　　　　　　　）

❹ 右の図の立体は，2つの直方体を組み合わせたものです。この立体の体積は何$cm^3$ですか。

式

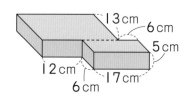

答え（　　　　　　　）

**5** 右の図のようなふたのない直方体の入れ物を，厚さが50cmの板を使って作ります。

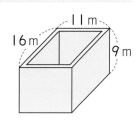

**❶** この入れ物の容積は何m³ですか。

式

答え（　　　　　　　　）

**❷** この入れ物に7500Lの水を入れると，水の深さは何mになりますか。

式

答え（　　　　　　　　）

✦✦✦ できたらスゴイ！

**6** 右の図は直方体を組み合わせた立体です。この立体の体積は何cm³ですか。

式

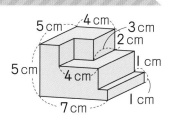

答え（　　　　　　　　）

**7** ある立方体の表面全体の面積は486m²です。この立方体の体積は何cm³ですか。

式

答え（　　　　　　　　）

**!ヒント**

**5** まず内のりを求め，入れ物全体の容積を求めよう。

**6** 立体を，直方体が3段重なったものと考えるとよいね。

**7** 立方体は等しい面積の正方形6つでできていることから，1辺の長さを求めよう。

# 6 比例

答え▶9ページ

> ともなって変わる2つの量の一方が2倍，3倍，…となるとき，もう一方の量の変わり方を考えよう！

確かめよう ⋯✦⋯✦⋯ 標準レベル ⋯✦⋯

### 例題1 比例の関係

次の表ア，イは，ともなって変わる量□と△の関係を表しています。
ア，イはそれぞれ△が□に比例していますか，比例していませんか。

ア

| □ | 1 | 2 | 3 | 4 | 5 |
|---|---|---|---|---|---|
| △ | 20 | 40 | 60 | 80 | 100 |

イ

| □ | 1 | 2 | 3 | 4 | 5 |
|---|---|---|---|---|---|
| △ | 10 | 9 | 8 | 7 | 6 |

**とき方** 2つの量□と△があり，□が2倍，3倍，…になると，それにともなって
△も2倍，3倍，…になるとき，△は□に比例するといいます。

ア 　□倍　　□倍

| □ | 1 | 2 | 3 | 4 | 5 |
|---|---|---|---|---|---|
| △ | 20 | 40 | 60 | 80 | 100 |

　□倍　　□倍

□が　□倍，　□倍，…と
なっているとき，△も2倍，3倍，
…となっているので，△は□に
　□します。

イ 　□倍　　□倍

| □ | 1 | 2 | 3 | 4 | 5 |
|---|---|---|---|---|---|
| △ | 10 | 9 | 8 | 7 | 6 |

□が　□倍，　□倍，…と
なっているとき，△は2倍，3倍，
…となっていないので，△は□に
　□していません。

---

**1** たての長さが3cm，横の長さが□cmの長方形の面積○cm²の変わり方を下の表
にまとめました。表を完成させましょう。また，○は□に比例するかしないかを調
べましょう。

| 横の長さ□(cm) | 1 | 2 | 3 | 4 | 5 | 6 | 7 | 8 |
|---|---|---|---|---|---|---|---|---|
| 面積○(cm²) | 3 | | | | | | | |

○は□に比例（　　　　　　　　）

カメラには，「しぼり」といって，レンズから入る光の量を調節して，撮れる写真のピントの合うはんいを調整する機能があるよ。光が通るレンズの穴の直径（口径）を変えるんだね。

## 例題2　比例する量の変わり方

1mのねだんが70円のはり金があります。
① 買う長さが1m，2m，3m，…と変わるとき，代金はどのように変わりますか。
② このはり金を8mと13m買ったときの代金はそれぞれいくらですか。

**とき方**　代金は買う長さに比例しています。○m買ったときは，長さが1mの何倍なのかを考え，1mのねだんを○倍すれば，○mの代金が求められます。

① 

| 買う長さ(m) | 1 | 2 | 3 | 4 | 5 | 6 | 7 |
|---|---|---|---|---|---|---|---|
| 代金(円) | 70 | 140 | 210 | 280 | 350 | 420 | 490 |

買う長さと代金の関係を表にまとめると，買う長さが1mから2m，3m，…と変わるとき，代金は1mのねだんの　　　　倍，　　　　倍，…となっていることがわかります。

② 8m買ったとき：長さは1mの8倍なので，代金も70円の　　　　倍となります。8mの代金は　70×　　　　＝　　　　（円）

13m買ったとき：長さは1mの13倍なので，代金も70円の　　　　倍となります。13mの代金は　70×　　　　＝　　　　（円）

**2** 100gのねだんが150円の肉があります。買う重さが100g，200g，300g，…と変わったときの代金について調べましょう。

❶ 代金は買う重さに比例していますか。

（　　　　　　　　　　　　　　　）

❷ この肉を1.2kg買ったときの代金はいくらですか。

**式**

答え（　　　　　　　　　　　）

## 6 比例

深めよう

ハイ レベル

○が□に比例しているとき，○と□の関係はどんな式で表せるか考えよう！

**①** ○と□の関係を式に表しましょう。また，○が□に比例しているものには◎を，比例していないものには×を書きましょう。

**①** 底面積が□cm$^2$で，高さが5cmの直方体の体積○cm$^3$

式（　　　　　　　　）　比例（　　　　　）

**②** 1000円で□円の品物を買ったときのおつり○円

式（　　　　　　　　）　比例（　　　　　）

**③** 入園料が1人500円の動物園に□人で入園したときの入園料○円

式（　　　　　　　　）　比例（　　　　　）

**④** 女子の人数が25人，男子の人数が□人のクラス全体の人数○人

式（　　　　　　　　）　比例（　　　　　）

**②** 右の表は，1さつのねだんが120円のノート□さつの代金△円の関係を表しています。このノートを8さつ買ったときの代金はいくらですか。

| □（さつ） | 1 | 2 | 3 | 4 | 5 |
|---|---|---|---|---|---|
| △（円） | 120 | 240 | | | |

（　　　　　　　　　）

**③** 1辺の長さが○cmの正方形があります。この正方形のまわりの長さは□cm，面積は△cm$^2$です。

**①** ○と□は比例しますか。また，○と△は比例しますか。

○と□（　　　　　　　）　○と△（　　　　　　　）

**②** ○と□の関係，○と△の関係をそれぞれ式で表しましょう。

○と□（　　　　　　　）　○と△（　　　　　　　）

**③** ○=2.5のとき，□と△にあてはまる数はいくつですか。

□（　　　　　　　）　△（　　　　　　　）

✦✦✦ できたらスゴイ！

**4** 右の表は，直方体の入れ物に1分間に同じ量ずつ水を入れていったときの水を入れる

| 水を入れる時間(分) | 0 | 1 | 2 | | 4 | |
|---|---|---|---|---|---|---|
| 水の深さ(cm) | 0 | 4 | 8 | 12 | | 20 |

時間と入れ物に入っている水の深さを表しています。入れ物の高さは60cmです。次の❶～❹に答えましょう。

❶ 表のあいているところにあてはまる数を書き入れましょう。

❷ 入れ物が水でいっぱいになるのは，水を入れ始めてから何分後ですか。

（　　　　　　　　）

❸ 水を入れ始めてから7分がたったとき，入れ物が水でいっぱいになるまでの水の深さはあと何cmですか。

**式**

答え（　　　　　　　　）

❹ 水を入れる時間と水の深さの関係を，右の図にグラフで表しましょう。

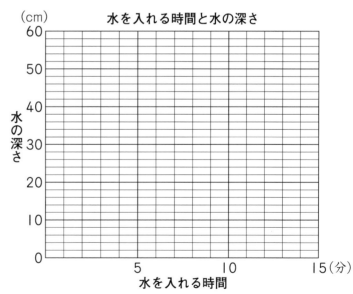

**水を入れる時間と水の深さ**

**ヒント**

❸ 正方形の1辺の長さとまわりの長さの関係，面積を求める公式から考えよう。

❹ ❶～❸ 表から，1分間に水の深さが4cmずつふえていることに注目して考えよう。

❹ 水を入れる時間と水の深さの数の組み合わせを，点としてグラフにかき，直線でむすぼう。

## 7 変わり方調べ

答え▶11ページ

確かめよう

標準レベル

2つの量が比例していなくても、変わり方のきまりを見つけることができるよ！

### 例題1 2つの量の変わり方の関係①

右の図のように、長さの等しいひごを使って正三角形を作り、横にならべていきます。正三角形を10個作るとき、ひごは何本使いますか。

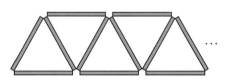

**とき方** 正三角形が1個あるとき、もう1個ふえると、ひごの数は2本ふえます。

正三角形を1個から9個ふやして10個作るとき、ひごは18本ふえます。

1個目の正三角形を作るときに使う

ひごは ☐ 本です。

正三角形を1個ふやすごとに、

ひごの本数は ☐ 本ふえます。

正三角形が1個ふえるとひごは2本ふえます。

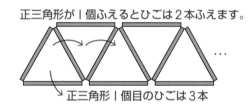

正三角形1個目のひごは3本

正三角形が10個のとき、正三角形は1個から9個ふえているので、ひごの本数は

☐ 本× ☐ = ☐ 本 ふえます。1個目に使ったひご3本と

あわせて、3+ ☐ = ☐ 本 のひごを使います。

---

**1** 右の図のように、等しい大きさの正方形の板を、1段目、2段目、3段目、…とならべます。8段目までならべたときの正方形の板は何まいですか。

**式**

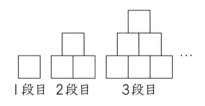

1段目 2段目 3段目

答え（ 　　　　　　　 ）

1＋3＝4（＝2×2），1＋3＋5＝9（＝3×3），1＋3＋5＋7＝16（＝4×4），…のように，奇数を1から順にたしていくと，ある数を2つかけた数になって，その数（ある数）は1ずつ大きくなっていくよ。

## 例題2　2つの量の変わり方の関係②

重さが100gのさらに，1個20gのクッキーを1個，2個，3個，…とのせていき，全体の重さをはかります。全体の重さが800gになるのは，さらにクッキーを何個のせたときですか。

**とき方**　重さのふえ方を表にまとめて考えると，計算しやすくなります。

| のせたクッキーの数（個） | 0 | 1 | 2 | 3 | 4 | 5 |
|---|---|---|---|---|---|---|
| 全体の重さ（g） | 100 | 120 | 140 | 160 | 180 | 200 |

クッキーが0個のときはさらの重さのみです。　クッキー1個の重さの分ふえます。

クッキーを1個のせるごとに，全体の重さは

[　　]gずつふえるので，のせたクッキーの

数と全体の重さの関係は，上の表のようになります。表から，2つの量の関係を式に表すと

**たいせつ**
ともなって変わる2つの量の関係やきまりが見つかれば，計算で答えを出すことができることがポイントです。

全体の重さ（g）＝100＋[　　]×のせたクッキーの数　です。

全体の重さが800gのとき　800＝100＋[　　]g×[　　]個　です。

**答え**[　　]個

---

2　1500L入る入れ物に，水が250L入っています。この入れ物に1分間に50Lずつ水を加えます。下の表は，水を入れた時間と入っている水の量の関係を表しています。

| 水を入れた時間（分） | 0 | 1 | 2 | | 4 | 5 |
|---|---|---|---|---|---|---|
| 入っている水の量（L） | 250 | 300 | | | 400 | 450 | |

❶ 表のあいているところにあてはまる数を書き入れましょう。

❷ 入れ物が水でいっぱいになるのは，水を入れ始めてから何分後ですか。

　式

**答え**（　　　　　　　　　）

## 7 変わり方調べ

深めよう

ハイ レベル

2つの量の変わり方の
きまりを見つけて，き
まりを使った式を作っ
て考えよう！

❶ 次の図のように，厚紙でできた等しい大きさの正三角形アを1段目，2段目，3段
目，…とならべて大きな正三角形を作っていきます。下の❶〜❹に答えましょう。

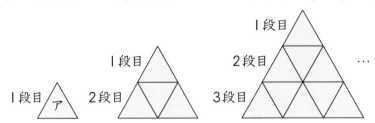

❶ ○段目の正三角形アのまい数を，○を使った式で表しましょう。ただし，○は
1より大きい整数とします。

(                                )

❷ 1段目から11段目までならべたとき，正三角形アは何まいありますか。
　式

答え (                        )

❸ 正三角形アのまい数がはじめて200まいをこえるのは，何段目までならべたと
きですか。
　式

答え (                        )

❹ 正三角形アの1辺の長さは3cmです。作った正三角形のまわりの長さが
207cmになるのは，何段目までならべたときですか。
　式

答え (                        )

❖❖❖ できたらスゴイ！

**2** ある町の水道料金は，次の表のように基本料金（1500円）と使用水道料金（たとえば，25m³のときは15×20＋135×5＝975（円）となります）の合計で計算されます。下の❶，❷に答えましょう。

| 基本料金 | 1500円 | | |
|---|---|---|---|
| 使用水量（m³） | 1〜20 | 21〜40 | 41〜60 |
| 1m³あたりの料金 | 15円 | 135円 | 210円 |

❶ 使用水量が45m³のときの水道料金はいくらですか。

式

答え（　　　　　　　）

❷ 水道料金が4230円のときの使用水量は何m³ですか。

式

答え（　　　　　　　）

**3** あるちゅう車場のねだんは右の表のようになっています。次の❶，❷に答えましょう。

| とめてからの時間 | ねだん |
|---|---|
| 最初の30分まで | 300円 |
| 30分をこえてから20分ごとに | 150円 |

❶ 3時間とめておくと，代金はいくらになりますか。

式

答え（　　　　　　　）

❷ 代金を2100円はらいました。最大で何時間とめていたと考えられますか。

式

答え（　　　　　　　）

**❗ヒント**

❶ 2段目，3段目でふえている正三角形アの数を4段目以降にもあてはめて考えよう。

❷ 基本料金は必ずかかることに注意しよう。

❸ ❶ 最初の30分とそれより後の時間の代金を分けて考え，合計しよう。

# 思考力育成問題

容積がいちばん大きくなるたて，横，深さの組み合わせをさがそう。

答え▶12ページ

## ❓ ✂ 容積のいちばん大きな箱を作るには？

⭐ 次の先生とれんさんとかなさんの会話文を読んで，あとの問題に答えましょう。

先生

：右のように１辺が20cmの正方形の工作用紙を使って，直方体の形のふたのない箱を作ってみよう。工作用紙の４すみから同じ大きさの正方形を４つ切りとって，容積（ようせき）がいちばん大きい箱を作ろう。
切りとる正方形の１辺の長さは1cm単位にして，のりしろや工作用紙の厚さは考えないことにするよ。

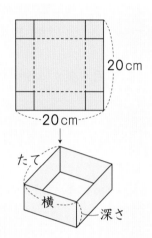

かなさん

：４すみの正方形の１辺の長さをいちばん長くしたときに容積はいちばん大きくなると思います。

れんさん

：そうかな？　でも，４すみの正方形を大きくしすぎて１辺の長さが ① cm以上になると，箱が作れなくなりますね。４すみの正方形の１辺の長さをいちばん短くしたときに箱の容積はいちばん大きくなると思います。

先生

：右の図のように切りとる４すみの正方形の１辺の長さを△cmとすると，図の□と△の間にはどのような関係があるかな。

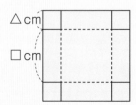

れんさん：<br>
②

という関係が成り立っています。

かなさん：この関係を使って，できる箱のたて，横，深さ，容積の関係を表にまとめました。

| △(cm) | たて(cm) | 横(cm) | 深さ(cm) | 容積(cm³) |
|---|---|---|---|---|
| 1 | 18 | 18 | 1 | 324 |
| 2 | | | | |
| 3 | | | | |
| 4 | | | | |
| 5 | | | | |
| 6 | | | | |
| 7 | | | | |
| 8 | | | | |
| 9 | | | | |

れんさん：表を読みとると，容積がいちばん大きいのは，切りとる正方形の1辺の長さが ③ cmのときで，そのときの容積は ④ cm³ です。

かなさん：△の長さを大きくしすぎても小さくしすぎても，容積はあまり大きくならないようですね。

❶ 上の表のあいているところに数を書き入れ，表を完成させましょう。

❷ ①〜④にあてはまる数や式を答えましょう。

①（　　　　） ②（　　　　　　　　　　　　　　　　　）

③（　　　　） ④（　　　　　）

⚠ヒント

❶ 切りとる正方形の1辺の長さが深さになるよ。容積＝たて×横×深さ　だね。

❷ ①4すみの正方形の1辺の長さを大きくしすぎると箱のたて，横の長さがどうなるかを考えよう。

　②20cmの辺が△cmの辺2つと□cmの辺1つに分けられていることから式を立てよう。

## 8 合同な図形

答え▶13ページ

合同な図形の対応する
辺や角を見つけられる
ようになろう！

確かめよう ……………◆◆◆◆ 標準 レベル ……………

### 例題1 合同な図形

右の2つの三角形は形も大きさも同じで
す。辺DEの長さは何cmですか。また、角
Aの大きさは何度ですか。

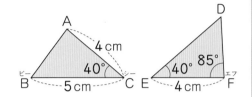

**とき方** 形も大きさも同じで、ぴったり重ね合わせることができる2つの図形は
合同です。合同な図形で重なり合う辺を対応する辺、角を対応する角といい、
対応する辺、対応する角はそれぞれ等しいです。

2つの三角形は、ぴったり重なり合うので □□□□□ です。

辺DEに対応する辺は、辺 □ で、辺DEの長さは □ cmです。

角Aに対応する角は、角 □ で、角Aの大きさは □ °です。

---

**1** 右の2つの四角形は合同です。

❶ 辺ADと対応する辺はどの辺
ですか。

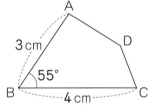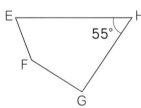

（　　　　　　　）

❷ 辺GHの長さは何cmですか。

（　　　　　　　）

❸ 長さが4cmである辺は辺BCとどの辺ですか。

（　　　　　　　）

目の検査をするときに，「C」のような形を使って視力をはかるね。「ランドルト環」といって，ふつう直径7.5mmのリングに，1.5mmの切りこみが入ったものを使うよ。

---

**例題2** 合同な図形をかくための方法

右の三角形ABCと合同な三角形をかきます。どの辺の長さやどの角の大きさを使えばかくことができますか。3つ答えましょう。

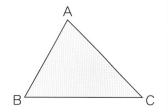

**とき方**　たとえば，3つの辺の長さなど，三角形の形がきまれば合同な三角形がかけるので，そのための辺の長さや角の大きさの組み合わせをさがします。

・辺AB，辺BC，辺ACの長さ→3つの [　　　] の長さを使ってかく

・辺AB，辺BCの長さと角Bの大きさ→ [　　　] つの [　　　] の長さとその

　[　　　] の角の大きさを使ってかく

・辺BCの長さ，角B，角Cの大きさ→ [　　　] つの [　　　] の長さとその両

　はしの [　　　] つの角の大きさを使ってかく

**たいせつ**
合同な三角形をかくためには，辺の長さや角の大きさのうち，3つを使えばよいです。

---

**2** 右の三角形と合同な三角形を□にかきましょう。

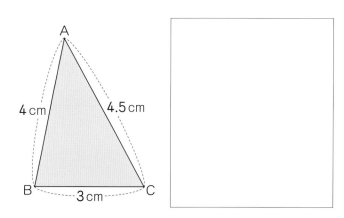

# 8 合同な図形

✦✦✦✦ ハイ レベル ✦✦✦✦

答え▶13ページ

> 2つの合同な図形の向きがちがうときに注意して，対応する辺や角をさがそう！

**❶** 右の図の四角形ABCDは長方形です。

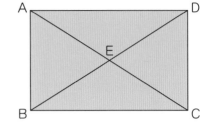

**❶** 三角形ABEと合同な三角形はどれですか。

(　　　　　　　　　　)

**❷** 三角形ADEと合同な三角形はどれですか。

(　　　　　　　　　　)

**❸** 三角形ABDと合同な三角形は何個ありますか。

(　　　　　　　　　　)

**❷** 右の図の2つの四角形は合同です。

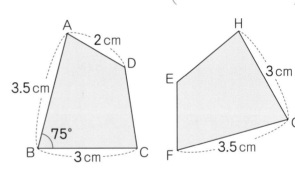

**❶** 長さが2cmの辺は，辺ADとどの辺ですか。

(　　　　　　　　　　)

**❷** 大きさが75°の角は，角Bとどの角ですか。

(　　　　　　　　　　)

**❸** 図の四角形EFGHに対角線を1本ひいて，三角形ABCと合同な三角形を1つ作るには，どの頂点とどの頂点をむすぶ対角線をひけばよいですか。

(　　　　　　　　　　)

**❸** 3つの角の大きさが50°，100°，30°の三角形があります。この三角形と合同な三角形は1通りにきまりますか，1通りにきまりませんか。

(　　　　　　　　　　)

**4** 右の図は，１辺の長さが4cmの正三角形です。この三角形に直線を１本ひくと，２つの合同な三角形に分けることができます。２つの合同な三角形に分けることができる直線を図にすべてかき入れなさい。

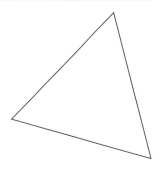

・・・✦✦✦ **できたらスゴイ！** ✦✦✦・・・

**5** 右の図の２つの五角形は合同です。

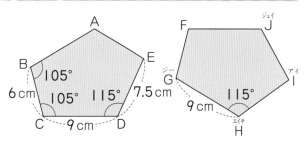

**❶** 長さが7.5cmの辺は，辺DEとどの辺ですか。

(　　　　　　　)

**❷** 三角形ABCと合同な三角形はどれですか。

(　　　　　　　)

**❸** 頂点FとIを直線でむすぶと，四角形ができます。このときできる四角形と合同な四角形はどれですか。

(　　　　　　　)

**6** 右の四角形と合同な四角形を，□にかきましょう。

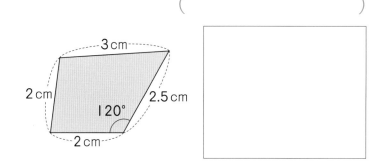

**！ヒント**

**4** 三角形の３つの頂点から向かい合う辺にひく直線に注目しよう。

**5** 辺の長さと角の大きさから，合同な２つの五角形の向きを同じにすると考えやすくなるよ。

**6** 対角線をひいて，２つの三角形に分けてみよう。どちらの三角形からかき始めればよいか考えよう。

「答えと考え方」を読んでおさらいしよう！　**39**

## 9 三角形の角

答え▶14ページ

確かめ
よう

標準 レベル

> 三角形の3つの角の和
> が180°であることを
> もとに考えよう！

### 例題1　三角形の3つの角の大きさの和

次の三角形の角ⓐ，ⓘの大きさは何度ですか。計算で求めましょう。②は，二等
辺三角形です。

①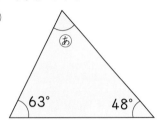

②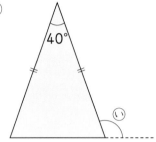

**とき方**　三角形の3つの角の大きさの和が180°であることを使って，計算で求
めます。三角形の2つの角の大きさがわかっているとき，その大きさを180°
からひけば，残りの角の大きさがわかります。

① 三角形の3つの角の大きさの和は180°だから，

ⓐ＋63°＋48°＝180°　ⓐ＝180°−63°− □ °＝ □ °

② 三角形の40°以外の2つの角の大きさの和は，180°−40°＝140°

二等辺三角形の底辺の両はしの角の大きさは等しいので，2つの角の大き

さはどちらも，□ °÷2＝ □ °。

一直線をつくる角の大きさは180°だから，

ⓘ＝180°− □ °＝ □ °

📖**さんこう**

ⓘのような角を，三角形の外角
といい，三角形の外角は，その
角ととなり合わない三角形の2
つの角の和となります。②で
は，ⓘ＝40°＋70°です。

---

**1** 次の三角形の角ⓐの大きさは何度ですか。

❶ 二等辺三角形

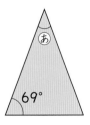

❷

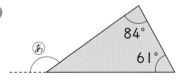

(　　　　　)　　　　　(　　　　　)

視力は「視力1.0」などと表されるよ。「1.0」は，直径7.5mmのリングに，
1.5mmの切りこみが入ったランドルト環を見るとき，5mはなれて切りこ
みが見える視力のことなんだって！

---

**例題2** 三角定規の角の大きさの利用

右の図は，1組の三角定規を組み合わせた形です。
角⑦の大きさは何度ですか。

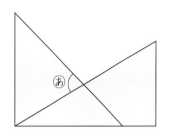

**とき方**　1組の三角定規で，それぞれの3つの角の大きさは，（90°，45°，45°）
と，（90°，60°，30°）ときまっています。このことを使って，1組の三角定規
を組み合わせてできる角の大きさを計算で求めましょう。

1組の三角定規の角の大きさは右の図のようになっ
ています。図の角⊙の大きさは，

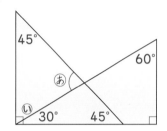

$90° - \boxed{\phantom{00}}° = \boxed{\phantom{00}}°$

3つの角が⑦と⊙と45°の三角形について考えて，

$⑦ = 180° - \underset{\text{⊙の大きさ}}{\boxed{\phantom{00}}}° - \boxed{\phantom{00}}° = \boxed{\phantom{00}}°$

📖**さんこう**
　1組の三角定規で，3つの角が（90°，45°，45°）の三角形は，直角二等辺三角形という
形です。

---

**2** 次の図は，1組の三角定規を組み合わせた形です。角⑦の大きさは何度ですか。

❶
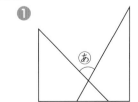

❷
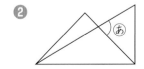

❸
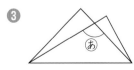

（　　　　　　　）　（　　　　　　　）　（　　　　　　　）

答え▶14ページ

## 9 三角形の角

深め
よう

★★★ ハイ レベル

平行四辺形や正方形の
角の大きさのきまりを
思い出して考えよう！

❶ 次の図は１組の三角定規(さんかくじょうぎ)を組み合わせたものです。角あの大きさは何度ですか。

❶

❷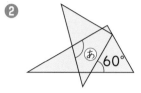

❸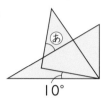

(          )          (          )          (          )

❷ 次の図の角あの大きさは何度ですか。

❶

❷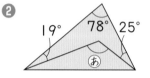

❸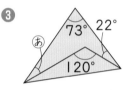

(          )          (          )          (          )

❸ 右の図の四角形ABCD(エービーシーディー)は正方形で，三角形EBC(イービーシー)は正三角形
です。角あの大きさは何度ですか。

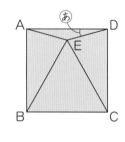

(          )

❹ 次の図の角あの大きさは何度ですか。ただし，同じ印の角の大きさは等しいもの
とします。

❶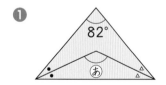

❷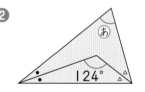

(          )          (          )

━━━ ✦✦✦ できたらスゴイ！

**5** 次の図の角⃝あの大きさは何度ですか。

❶
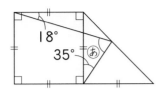

❷ 平行四辺形 ABCD
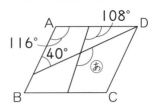

(　　　　　)　　　　　　　　(　　　　　)

❸ 平行四辺形 ABCD
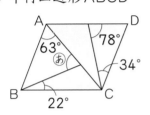

❹ ひし形 ABCD
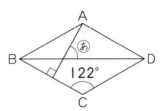

(　　　　　)　　　　　　　　(　　　　　)

**6** 次の図の角⃝あ〜⃝うの大きさは何度ですか。

❶ 正三角形 ABC と正方形 DEFG
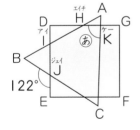

❷ 辺ABと辺ACの長さが等しい二等辺三角形と平行四辺形EFAD
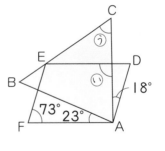

❶⃝あ(　　　　　)　　❷⃝い(　　　　　)　⃝う(　　　　　)

**❗ヒント**

**5** ❸ 平行四辺形の向かい合う角の大きさが等しいことに注目しよう。

❹ ひし形は，すべての辺の長さが等しく，対角線をひくと二等辺三角形が2つできることに注目しよう。

**6** 正三角形，正方形，平行四辺形，二等辺三角形の角の大きさの性質を使って，求められる角の大きさから求めていこう。平行四辺形の4つの角の大きさの和が360°になることから，向かい合わない2つの角の大きさの和が180°になることも利用しよう。

答え▶16ページ

## 10 四角形・多角形の角

 確かめよう

 標準 レベル

図形を三角形に分け，三角形の角の大きさの和が180°であることを使おう！

### 例題1 四角形の4つの角の大きさの和

右の四角形の4つの角の大きさの和は何度ですか。

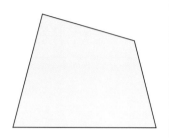

**とき方** 三角形の3つの角の大きさの和が180°であることを使います。四角形に対角線をひいて，三角形に分けて考えます。

四角形に対角線をひくと，四角形は2つの三角形に分けられます。

三角形の3つの角の大きさの和は ☐°。

だから，三角形2つ分の4つの角の大きさの和は，

☐°× ☐ = ☐°。

四角形の4つの角の大きさの和は ☐°。

📖 **さんこう**

上の図のように，四角形を4つに分けて，
180°×4−360° として求めることもできます。

---

**1** 次の図の角あの大きさは何度ですか。計算で求めましょう。

❶

140° あ
50° 70°

❷
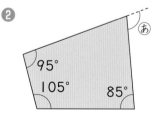
あ
95°
105° 85°

❸ ひし形
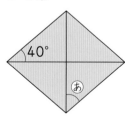
40°
あ

(       )    (       )    (       )

舗装された道路に，ひし形のマークが白い線でかかれていることがあるよ。車を運転する人に，その先に横断歩道か自転車横断帯があると，注意をうながすための印だよ。

## 例題2　多角形の角の大きさの和

右の五角形の5つの角の大きさの和は何度ですか。

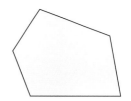

**とき方**　五角形の1つの頂点（どの頂点でもよいです）から，対角線をすべてひくと，3つの三角形に分けられます。三角形の3つの角の大きさの和が180°であることを使って求めます。

右の図のように1つの頂点から対角線をひくと，

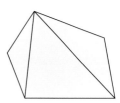

　　　　つの三角形に分けられます。

三角形の3つの角の大きさの和は180°だから，五角形の5つの角の大きさの和は，

$$\boxed{\phantom{00}}° × \boxed{\phantom{00}} = \boxed{\phantom{00}}°$$

### たいせつ

三角形，四角形，五角形，六角形，…のように，直線で囲まれた図形を多角形といいます。多角形では，○角形の対角線は，○-3(本)ひけるので，○-2(個)の三角形に分けることができることがポイントです。

2　次の多角形は対角線をひくことで何個の三角形に分けることができますか。また，角の大きさの和は何度ですか。

① 七角形

　三角形の数（　　　　　）　角の大きさの和（　　　　　）

② 十角形

　三角形の数（　　　　　）　角の大きさの和（　　　　　）

③ 十五角形

　三角形の数（　　　　　）　角の大きさの和（　　　　　）

## 10 四角形・多角形の角

答え▶16ページ

多角形の角の大きさの和を求めて，わからない角の大きさを考えよう！

1 次の図で，角あの大きさは何度ですか。

❶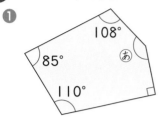

108°
85°
110°
あ

❷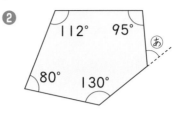

112° 95°
あ
80° 130°

( )　　　　　( )

❸

140° 106°
あ
125°
102°
120°

❹

110°
120°
140°
あ
138°

( )　　　　　( )

❺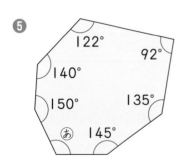

122°
92°
140°
150°
135°
あ 145°

❻

109°
125°
142°
144°
あ
133°
114°

( )　　　　　( )

❷ 右の四角形ABCDは平行四辺形で，三角形ABEはABとAE
の長さが等しい三角形です。角㋐の大きさは何度ですか。

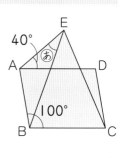

（　　　　　　　　　）

★★★ **できたらスゴイ！**

❸ 角の大きさの和が次の大きさになるのは何角形ですか。
❶ 2700°

（　　　　　　　　　）

❷ 3420°

（　　　　　　　　　）

❹ 右の図のように，正方形と正三角形が重なっています。角㋐
の大きさは何度ですか。

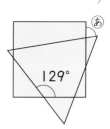

（　　　　　　　　　）

❺ 右の図のような図形があります。次の角の大きさの和は
何度ですか。
　　　A＋B＋C＋D＋E

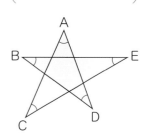

（　　　　　　　　　）

**！ヒント**
❷ 三角形ABEは二等辺三角形なので，㋐と同じ大きさの角を見つけて考えよう。
❸ 角の大きさの和が，三角形の3つの角の大きさの和の何個分かを考えよう。
❹ 正三角形，正方形からわかる角度をもとに，求められる角の大きさを順に求めていこう。
❺ 図を三角形に分けて，それぞれの角を1つにまとめていこう。

## 11 偶数と奇数

答え ▶17ページ

すべての整数は偶数と奇数に分けられるよ。偶数と奇数の性質のちがいを考えよう！

 確かめよう ・・・・・・・・・ 標準 レベル ・・・・・・・・・

### 例題1 偶数と奇数

次の整数を2でわりきれる整数とわりきれない整数に分けましょう。

2  5  7  10  11  12  15  18  20  21

**とき方**　2でわりきれる整数を偶数（ぐうすう），わりきれない整数を奇数（きすう）といいます。すべての整数は，偶数または奇数のどちらかに分けられます。

2でわりきれる整数は ［　　　　　　　　　］ の5つです。

これらの整数を ［　　　　　］ といいます。

2でわりきれない整数は ［　　　　　　　　　］ の5つです。

これらの整数を ［　　　　　］ といいます。

📖**さんこう**
0は偶数です。

---

**1** 次の整数は，偶数ですか，奇数ですか。

❶ 39　　　　❷ 121　　　　❸ 486　　　　❹ 723

❺ 1003　　　　❻ 2023　　　　❼ 10398　　　　❽ 432587

**2** 次の計算をした答えは，偶数ですか，奇数ですか。

❶ 4321＋6537　　　　❷ 210×8　　　　❸ 666÷2

**3** 23から41までの整数のうち，偶数と奇数はそれぞれ何個（なんこ）ありますか。

偶数（　　　　　　　）　奇数（　　　　　　　）

多数決をとるときに「過半数（かはんすう）」ということばを使うね。全体の人数のうち半分をこえた人数のことだよ。100人のうち50人だと「半数（はんすう）」，51人から過半数になるね。

---

**例題2** 偶数と奇数の性質

12と15を次のような式で表します。□に入る整数はいくつですか。

12＝2×□　　　　15＝2×□＋1

**とき方**　2でわりきれる整数は2×□　の式で表すことができます。2でわりきれない整数は，2でわると1あまります。

12＝2×□
2でわった商

15＝2×□ ＋1　2でわりきれない→奇数（きすう）
2でわった商　　　2でわると必ず1あまります。

**たいせつ**
□に入る数を整数とすると，
偶数（ぐうすう）：2×□　　奇数：2×□＋1
という式で表すことができます。

---

**4** 次の□にあてはまる整数はいくつですか。

❶ 132＝2×□

❷ 149＝2×□＋1

❸ 10001＝2×□＋1

❹ 36000＝2×□

**5** 左から右へページが進んでいく本を読んでいたとき，本の左のページの番号を見ると72でした。次のページの番号はいくつですか。また，偶数ですか，奇数ですか。

（　　　　　　　　　　　）

**6** ある整数に7をたすと，答えは偶数でした。ある数は偶数ですか，奇数ですか。

（　　　　　　　　　　　）

## 11 偶数と奇数

深めよう ★★★ ハイ レベル

偶数, 奇数に実際に整数をあてはめてみると, 考えやすくなることが多いよ！

**❶** 次の計算をした答えは, 偶数ですか, 奇数ですか。

**❶** 偶数＋偶数

**❷** 偶数＋奇数

**❸** 偶数－奇数

**❹** 偶数×偶数

**❺** 偶数×奇数

**❻** 奇数×奇数

**❷** 次の□と○にあてはまる整数はいくつですか。ただし, ○には0または1があてはまります。

**❶** $2932 = 2 \times □ + ○$

□（　　　　　　）○（　　　　　　）

**❷** $12375 = 2 \times □ + ○$

□（　　　　　　）○（　　　　　　）

**❸** $2354 + 2868 = 2 \times □ + ○$

□（　　　　　　）○（　　　　　　）

**❹** $100574 + 235497 = 2 \times □ + ○$

□（　　　　　　）○（　　　　　　）

**❸** 連続する5つの整数があります。

**❶** いちばん小さい整数が偶数のとき, 5つの整数の和は偶数になりますか, 奇数になりますか。

（　　　　　　）

**❷** いちばん大きい整数が奇数のとき, 5つの整数の積は偶数になりますか, 奇数になりますか。

（　　　　　　）

❹ 1辺の長さが○cmの正方形の面積は△cm²で, △には奇数があてはまりました。○にあてはまる数は偶数ですか, 奇数ですか。

(　　　　　　)

◆◆◆ できたらスゴイ！

❺ ○, □, △, ◎の4つの整数があります。○と△は偶数で, □と◎は奇数です。4つの整数のうちいちばん大きい整数は○で, いちばん小さい整数は◎です。4つの整数を使って次の計算をしたとき, 答えが偶数になるものをすべて選び, ア～カの記号で答えましょう。

ア　○×◎+□×△
イ　○×□×△-◎
ウ　(○+□)×△+◎
エ　△×△+□-◎
オ　◎+□-△+○
カ　□×○+◎×△

(　　　　　　)

❻ 0, 2, 3, 5, 7, 9の6つの整数をならべて6けたの整数を作ります。ただし, すべての整数を1回ずつ使うものとします。
❶ 6けたの整数のうち, いちばん大きい偶数はいくつですか。

(　　　　　　)

❷ 6けたの整数のうち, いちばん小さい奇数はいくつですか。

(　　　　　　)

❸ 6けたの整数のうち, 大きいほうから3ばん目の奇数はいくつですか。

(　　　　　　)

！ヒント
❹ 正方形の面積は, 公式を使って, ○×○=△　となることから考えよう。
❺ ○, □, △, ◎に実際の整数(たとえば, ○=10, □=9,…など)をあてはめて考えてみよう。
❻ 6けたの整数を作るので, いちばん大きい位の数に0は使えないことに注意しよう。

「答えと考え方」を読んでおさらいしよう！　　51

答え▶19ページ

## 12 倍数と公倍数

 確かめよう ・・・・・・✦✦✦ 標準 レベル ・・・・・・

> 倍数，公倍数，最小公倍数を求められるようになろう！

### 例題1 倍数と公倍数

1箱2個入りのあめと，1箱3個入りのガムがあります。それぞれ何箱か買い，あめとガムの数が等しくなるようにします。あめとガムの数がはじめて等しくなるのは，何個のときですか。

**とき方** それぞれを1箱，2箱，3箱，…と買ったときのあめとガムの個数を調べていきます。

それぞれ買った箱の数と個数を表にまとめます。

| 箱の数(箱) | 1 | 2 | 3 | 4 | 5 |
|---|---|---|---|---|---|
| あめの数(個) | 2 | 4 | | | |

| 箱の数(箱) | 1 | 2 | 3 | 4 | 5 |
|---|---|---|---|---|---|
| ガムの数(個) | 3 | 6 | | | |

> **たいせつ**
> 2と3の共通な倍数を，2と3の公倍数といい，いちばん小さい公倍数を最小公倍数といいます。

2に整数をかけてできる数を，2の 　　　　　 ，3に整数をかけてでき
2, 4, 6, 8, 10, …

る数を3の 　　　　　 といい，いくらでもあります。
3, 6, 9, 12, 15, …

上の表から，あめとガムの個数がはじめて等しくなるのは 　　　 個のときです。

2と3の共通の倍数
→公倍数

---

**1** 次の整数の最小公倍数はいくつですか。

❶ 2と5　　　　　　　❷ 4と6　　　　　　　❸ 3と7

地球から月までのきょりは，およそ38万kmだよ。時速300kmの新幹線で行こうとしても，(380000÷300)÷24＝52.7…で，52日以上かかる計算になるよ！

### 例題2　3つの数の公倍数

2と4と5の公倍数を，小さいほうから4つ答えましょう。

**とき方**　2，4，5の倍数を小さいほうから順に考え，等しい数が公倍数です。いちばん小さい公倍数が最小公倍数です。最小公倍数の倍数を小さいほうから求めていきます。

2の倍数　2　4　6　8　10　12　14　16　18　20　22　…

4の倍数　4　8　12　□　□　　　24　28　…

5の倍数　5　10　15　□　□　　　30　35　…

倍数を小さい順に書きならべていきます。

だから，2と4と5の最小公倍数は□。

最小公倍数の倍数を小さいほうから4つ求めて，□

最小公倍数×1，×2，×3，×4

**2** （　）の中の数の公倍数を，小さいほうから3つ答えましょう。

❶（3，4，5）　　❷（4，5，8）　　❸（8，9，12）

**3** まっすぐな道に，赤のはたを3mおきに，青のはたを5mおきに，緑のはたを8mおきに立てます。3色のはたをはじめに同じ位置に立ててから，次に同じ位置に立つのは何m先ですか。また，次の次に同じ位置に立つのは何m先ですか。

（次　　　　　　次の次　　　　　　）

## 12 倍数と公倍数

答え ▶ 19ページ

問題文から，倍数の性質や最小公倍数の性質など，何を使えばよいか読みとろう！

深めよう ★★★ ハイ レベル

❶ 5でも7でもわりきれて，500にいちばん近い整数はいくつですか。

(　　　　　　　)

❷ たての長さが14cm，横の長さが16cmの長方形の厚紙をすき間なくしきつめて，できるだけ小さい正方形を作ります。

❶ 正方形の1辺の長さは何cmになりますか。

(　　　　　　　)

❷ 長方形の厚紙は全部で何まい必要ですか。

式

答え (　　　　　　　)

❸ 右の図は，1から100までの整数を，3の倍数か，5の倍数かで分けたようすを表しています。

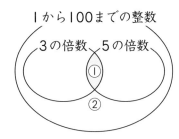

1から100までの整数

❶ 図の①の部分には3の倍数でもあり5の倍数でもある整数が入ります。①の部分に入る整数は何個ありますか。

式

答え (　　　　　　　)

❷ 図の②の部分には3の倍数でも5の倍数でもない整数が入ります。②の部分に入る整数は何個ありますか。

式

答え (　　　　　　　)

**④**（　）内の倍数にするために，□の中に入る1けたの整数はいくつですか。すべて答えましょう。

❶ 8□4　　　　（4の倍数）

（　　　　　　　　　　　　）

❷ 6□1　　　　（3の倍数）

（　　　　　　　　　　　　）

❸ 49□　　　　（6の倍数）

（　　　　　　　　　　　　）

❹ 6□4　　　　（8の倍数）

（　　　　　　　　　　　　）

━━━ ✦✦✦ できたらスゴイ！ ━━━

**⑤** ある駅でバスは15分ごと，電車は9分ごとに発車します。午前6時20分にバスと電車が同時に発車しました。

❶ バスと電車が次に同時に発車するのは，午前または午後の何時何分ですか。

式

答え（　　　　　　　　　　　　）

❷ 午後1時から午後10時までに，バスと電車が同時に発車することは何回ありますか。

式

答え（　　　　　　　　　　　　）

**⑥** ある花火大会では，地点Ａと地点Ｂから花火を打ち上げます。地点Ａからは3分おきに同時に3発打ち上げます。地点Ｂからは4分おきに同時に5発打ち上げます。午後8時に地点Ａと地点Ｂから同時に花火を打ち上げ，花火大会が始まりました。花火大会が終わる午後9時ちょうどまでに，地点Ａと地点Ｂから同時に打ち上げられる花火の数は全部で何発ですか。

式

答え（　　　　　　　　　　　　）

**！ヒント**

**⑤** ❷ 午後1時以降ではじめてバスと電車が同時に発車する時刻を考えよう。

**⑥** 2地点から同時に打ち上げられる花火の数は，何分おきに何発かを考えよう。

## 13 約数と公約数

答え▶20ページ

約数，公約数，最大公約数を求められるようになろう！

確かめよう ・・・・・・・・・・・・ ✦ ✦ ✦ 標準 レベル ・・・・・・・・・・・・

### 例題 1  約数と公約数

18と24の公約数（こうやくすう）を小さいほうから全部答え，最大公約数（さいだいこうやくすう）を求めましょう。

**とき方**　ある数が1や2や3でわりきれるとき，1，2，3をある数の約数（やくすう）といいます。18と24に共通する約数を求めます。その中でいちばん大きい数が最大公約数です。

18は，小さい順に

1，□，3，□，□，18

でわりきれ，これらの数は18の約数です。

24は，小さい順に

1，2，□，4，□，8，12，24

でわりきれ，これらの数は24の約数です。

18と24に<u>共通する約数</u>は，小さい順に，□
　　　　　公約数

で，いちばん大きい □ が最大公約数です。

**☑ちゅうい**

たとえば，12の約数のように，1と12，2と6，3と4の6個で，約数の個数が2の倍数（ばいすう）になるときと，9の約数のように，1と9，3 の3個で，約数の個数が2の倍数にならないときがあることに注意しよう。

**1**　次の整数の最大公約数はいくつですか。

❶ 50と125　　　　　❷ 24と108　　　　　❸ 28と91

物知り
算数
豆知識

地球と月のきょりは遠いけれど，1まい1mmの紙を折り曲げていくと，厚さが2倍にふくらんでいくね。すると42回折ったときに，約44万kmになって，月までとどく計算になるんだ！　42回折るのは大変だけれどね。

## 例題2　公約数と最大公約数

15と60と105の最大公約数を求めましょう。また，公約数と最大公約数の間にどのような関係があるか調べましょう。

**とき方**　15，60，105の約数を小さいほうから順に考え，公約数を求め，いちばん大きい公約数である最大公約数を求めます。公約数を小さい順にならべ，最大公約数とどのような関係があるか見つけましょう。

15の約数　　1　3　5　15　　小さい順にならべます。

60の約数　　1　2　3　4　　□　　　6　10　　□　　　□　　　20　30　60

105の約数　1　3　5　7　　□　　21　35　105

15と60と105の公約数は，

小さい順に　□　　□　　□　　□

最大公約数は　□　　で，公約数は最大公約数の　□　　となっていることがわかります。

公約数＝最大公約数÷□　最大公約数＝公約数×□

---

**2**　（　）の中の数の最大公約数はいくつですか。

❶（45，120，150）　　❷（42，210，294）　　❸（28，70，126）

---

**3**　長さが12cmの赤のリボン，24cmの白のリボン，30cmの青のリボンが1本ずつあります。それぞれのリボンを，すべての色のリボンの長さがいちばん長く，等しい長さになるように切り分けます。青のリボンは何本に切り分けられますか。

（　　　　　　　　　）

答え▶20ページ

## 13 約数と公約数

深めよう ハイレベル

最大公約数は公約数の倍数であることに注目して考えよう！

❶ たとえば，4の約数は，1，2，4と3つあります。このように，約数が3個ある整数を，4をのぞいて小さい順に3つ答えましょう。

(                    )

❷ 5円こうかが96まいと100円こうかが48まいあります。全部のこうかを何人かに，それぞれ同じ数ずつ，あまりが出ないように分けます。

❶ 分ける人数がいちばん多くなるとき，何人に分けられますか。

(                    )

❷ ❶のとき，1人に分ける金がくはいくらですか。

式

答え (                    )

❸ たての長さが63cm，横の長さが80cmの長方形の厚紙を，大きさが等しく，できるだけ大きい正方形に切り分けたところ，たての長さが3cm，横の長さが5cm残りました。

❶ 切り分けてできた正方形の1辺の長さは何cmですか。

(                    )

❷ 切り分けた正方形の厚紙は何まいできましたか。

式

答え (                    )

☆☆☆ **できたらスゴイ！**

**4** 1から100までの整数について答えましょう。

❶ 3でも4でもわりきれる整数は何個(なんこ)ありますか。

（　　　　　　　　）

❷ 3か7のどちらかだけでわりきれる整数は何個ありますか。

（　　　　　　　　）

**5** ある子ども会にノート154さつ，えん筆327本のきふがありました。子どもたちにそれぞれ同じ数ずつ配ったところ，ノートは10さつあまり，えん筆は3本あまりました。子どもの人数は何人ですか。考えられる人数をすべて答えましょう。
式

答え（　　　　　　　　）

**6** 3つの辺の長さが，56cm，72cm，40cmの三角形があります。まず，この三角形の頂点(ちょうてん)に■(四角)をかきます。次に，3つの辺それぞれに，間かくが等しくなるように■をかきこみます。すべての■の数がいちばん少なくなるとき，かきこんだ■の数は何個ですか。
式

答え（　　　　　　　　）

**7** ある工場で，たて3cm，横5cm，高さ4cmの直方体の箱に入った製品を，1辺が1.8mの立方体の箱にすき間なくつめて出荷します。製品を立方体の箱にいちばん多くつめるとき，何個入りますか。
式

答え（　　　　　　　　）

**!ヒント**
**5** あまる分をひいた数のノートとえん筆を同じ数ずつ子どもに配ることを考えよう。
**6** 頂点の■の数え方に注意しよう。図をかいて考えると，数えまちがいを防げるね。
**7** 立方体の箱の単位に注意し，製品のたて，横，高さそれぞれについて考えよう。

「答えと考え方」を読んでおさらいしよう！　　**59**

# 思考力育成問題

答え▶21ページ

コンピュータを使って約数の求め方を考えてみよう！

## ✂️ ✏️ コンピュータに約数を求めさせよう

まず，20の約数をすべて求める問題を考えます。

下の表のように，1から20までのすべての整数で，20をわります。あまりが0のとき，わる数が20の約数となります。

| わる数 | わり算 | 商 | あまり | わる数 | わり算 | 商 | あまり |
|---|---|---|---|---|---|---|---|
| 1 | 20÷1 | 20 | 0 | 11 | 20÷11 | 1 | 9 |
| 2 | 20÷2 | 10 | 0 | 12 | 20÷12 | 1 | 8 |
| 3 | 20÷3 | 6 | 2 | 13 | 20÷13 | 1 | 7 |
| 4 | 20÷4 | 5 | 0 | 14 | 20÷14 | 1 | 6 |
| 5 | 20÷5 | 4 | 0 | 15 | 20÷15 | 1 | 5 |
| 6 | 20÷6 | 3 | 2 | 16 | 20÷16 | 1 | 4 |
| 7 | 20÷7 | 2 | 6 | 17 | 20÷17 | 1 | 3 |
| 8 | 20÷8 | 2 | 4 | 18 | 20÷18 | 1 | 2 |
| 9 | 20÷9 | 2 | 2 | 19 | 20÷19 | 1 | 1 |
| 10 | 20÷10 | 2 | 0 | 20 | 20÷20 | 1 | 0 |

このことから，20の約数は，1，2，4，　①　，　②　，20の6つであることがわかります。

では，2000の約数をすべて求めるときはどうでしょうか？　1から2000までのすべての整数でわっていくと，時間がかかってしまいます。

そこで，みさきさんはコンピュータを使って約数を表示できないかを考えました。

まず，20の約数を表示させる手順をまとめます。次のように，コンピュータが命令にしたがうことのできる形に書き直しました。

● ③ を，1から ④ までのすべての整数で，小さいほうから順に わって，整数の商とあまりを求める。

● もし，わったあまりが ⑤ ならば，わった数を表示する。

● そうでなければ，なにもしない。

★ このとき，次の問題に答えましょう。

❶ ①〜⑤にあてはまる数字を書きましょう。

　①（　　　　）②（　　　　）③（　　　　）④（　　　　）⑤（　　　　）

❷ コンピュータの読みとることのできる命令が，下の㋐〜㋔の5つあるとします。

　それぞれの ☐ には，自由に数字を入れることができます。

㋐ ⑥ を，1から ⑦ までのすべての整数で，小さいほうから 順にわって，整数の商とあまりを求める。

㋑ そうでなければ，

㋒ もし，わったあまりが ⑧ ならば，

㋓ わった数を表示する。

㋔ なにもしない。

　20の約数を求める手順をもとにして，2000の約数を求めるとき，⑥〜⑧にあては まる数字を書きましょう。

　　　　　　　　　　　⑥（　　　　）⑦（　　　　）⑧（　　　　）

❸ ❷のとき，2000の約数を表示させる命令になるように，㋐〜㋔を左から順番にな らべましょう。ただし，このコンピュータは，ならんだ命令を順番に読みとってい くものとします。

　　　　　　　　　（　　　　→　　　　→　　　　→　　　　→　　　　）

!ヒント

❶ 実際に20の約数を出すときにどういう手順で求めているかをたしかめよう。

❷，❸ 20の約数を求めるときの手順をもとに，今回行う命令をまとめてみよう。数字が大きくなっ ても，同じ手順が使えることをたしかめてみよう。

答え ▶ 22ページ

## 14 分数の性質

 確かめよう ・・・・・・・・・・・・・ ✦ ✦ ✦ 標準 レベル ・・・・・・・・・

分子と分母の性質から，分数と小数や整数との関係がわかるようになろう！

### 例題 1 わり算の商と分数

次のわり算の商を分数で表しましょう。

① 5÷3                    ② 11÷7

**とき方** わり算の商は，わる数が分母，わられる数が分子の分数で表すことができます。

① 5 ÷ 3 = 分子／分母（わられる数／わる数）      ② 11÷7=

1 次のわり算の商を分数で表しましょう。

❶ 10÷3              ❷ 15÷13              ❸ 1÷99

2 □にあてはまる数を答えましょう。

❶ 1÷□ = $\frac{1}{3}$          ❷ □÷6 = $\frac{23}{6}$          ❸ $\frac{25}{9}$ = □÷□

3 長さが7mの赤のテープと，長さが6mの白のテープがあります。

❶ 赤のテープの長さをもとにすると，白のテープの長さは何倍ですか。

式

答え （            ）

❷ 白のテープの長さをもとにすると，赤のテープの長さは何倍ですか。

式

答え （            ）

毎月22日は「ショートケーキの日」だよ。カレンダーを見ると，22日の上には15日(イチゴ)がある。「22」の上に「15」がのっているように見えるから，ショートケーキなんだね！

## 例題2　分数と小数，整数の関係

次の分数を小数で，小数を分数で表しましょう。

① $1\frac{2}{5}$

② 0.41

**とき方**　分数は分子を分母でわると，小数で表すことができます。小数は，②では，$0.01 = \frac{1}{100}$ なので，$\frac{1}{100}$ が何個分かを考えて，分数で表します。

① $1\frac{2}{5} = 1 + \frac{2}{5}$ ⟩分数を小数で表します。

$\frac{2}{5} = \boxed{\phantom{xx}} \div \boxed{\phantom{xx}}$
　　　　分子　　　　分母

$= \boxed{\phantom{xxx}}$ だから，

$1\frac{2}{5} = 1 + \boxed{\phantom{xx}} = \boxed{\phantom{xx}}$

② $0.01 = \dfrac{1}{\boxed{\phantom{xxxx}}}$

$0.41$ は $\frac{1}{100}$ が $\boxed{\phantom{xxxx}}$ 個分だから，

$0.41 = \dfrac{\boxed{\phantom{xxxx}}}{\boxed{\phantom{xxxx}}}$　分子は $\frac{1}{100}$ の個数

### 📖さんこう

①は，$1\frac{2}{5} = \frac{7}{5}$ だから，$7 \div 5$ として求めてもよいです。整数は，1などを分母とする分数で表すことができます。(例)$6 = \frac{6}{1}$，$18 = \frac{18}{1}$

**4** 次の分数を，小数や整数で表しましょう。

❶ $2\frac{1}{2}$

❷ $4\frac{25}{5}$

❸ $3\frac{30}{12}$

❹ $\frac{2}{1000}$

**5** 次の小数や整数を，分数で表しましょう。

❶ 1.003

❷ 0.27

❸ 0.209

❹ 97

# 6章 分数のたし算とひき算

## 14 分数の性質

深めよう ハイレベル

もとにする量や数をきめて1とみたとき，ほかの量や数がいくつになるか考えよう！

1 次の数を，大きいほうから順に左からならべましょう。

$$\frac{9}{40} \quad 0.28 \quad \frac{26}{1000} \quad 0.0209 \quad \frac{25}{1250}$$

( )

2 32Lの水を何人かで同じかさずつ分けます。分けた1人分の水のかさを，小数で表せるときは小数で，小数で表せないときは分数で表しましょう。

① 23人で分けたとき

式

答え ( )

② 25人で分けたとき

式

答え ( )

3 大きな荷物の重さは41kg，小さな荷物の重さは33000gです。

① 大きな荷物の重さは，小さな荷物の重さの何倍ですか。分数で答えましょう。

式

答え ( )

② 小さな荷物の重さは，大きな荷物の重さの何倍ですか。分数で答えましょう。

式

答え ( )

64

❹ 赤のテープが３m，白のテープが４m，青のテープが７mあります。次の問いに分数で答えましょう。

❶ 赤のテープを１とみると，青のテープはいくつにあたりますか。

（　　　　　　　）

❷ 青のテープを１とみると，白のテープはいくつにあたりますか。

（　　　　　　　）

❺ 0.273よりも大きく，0.277よりも小さい分母が1000の数を，すべて分数で答えましょう。

（　　　　　　　）

✦✦✦ できたらスゴイ！

❻ 0.272727…と，小数点以下は27をくり返す小数があります。この小数を分数で表します。また，この数を□とします。

❶ この小数を100倍した数はいくつですか。□を使った式と答えを書きましょう。答えは小数第四位まで書き，くり返す部分は「…」で表しましょう。

式

答え（　　　　　　　）

❷ ❶で求めた式から□をひき，また，❶で求めた答えから□にあてはまる数をひいて，□にあてはまる分数を求めましょう。

式

答え（　　　　　　　）

!ヒント

❻ ❶ □を使った式なので，□×100　の答えを考えよう。

❷ ❶の式−□＝❶の答え−□にあてはまる数　だね。小数点以下のくり返す部分はどちらも同じであることに注目しよう。

## 15 約分と通分

 確かめよう

✦ ✦ 標準 レベル ✦ ✦

> 約分と通分では，最大公約数や最小公倍数を使うから，おさらいしておくといいね！

### 例題1 等しい分数と約分

次の□にあてはまる数を書きましょう。

① $\dfrac{2}{3} = \dfrac{\square}{6}$

② $\dfrac{8}{12} = \dfrac{2}{\square}$

**とき方**　分数は，分母と分子に同じ数をかけても，同じ数でわっても，大きさは変わりません。分母と分子の公約数で両方をわり，分母が小さい分数にすることを約分といいます。

① $\dfrac{2}{3} = \dfrac{2 \times \boxed{\phantom{0}}}{3 \times \boxed{\phantom{0}}} = \dfrac{\boxed{\phantom{0}}}{6}$

$\dfrac{\square}{\bigcirc} = \dfrac{\square \times \triangle}{\bigcirc \times \triangle}$ 分母と分子に同じ数をかけます。

② $\dfrac{8}{12} = \dfrac{8 \div \boxed{\phantom{0}}}{12 \div \boxed{\phantom{0}}} = \dfrac{2}{\boxed{\phantom{0}}}$

$\dfrac{\square}{\bigcirc} = \dfrac{\square \div \triangle}{\bigcirc \div \triangle}$ 分母と分子を最大公約数でわります。

👆**たいせつ**
約分では，分母と分子をそれらの最大公約数でわって，分母がいちばん小さい分数にしましょう。

---

**1** 次の□にあてはまる数を書きましょう。

❶ $\dfrac{3}{4} = \dfrac{12}{\square} = \dfrac{\square}{20}$

❷ $\dfrac{5}{7} = \dfrac{\square}{35} = \dfrac{50}{\square}$

❸ $\dfrac{8}{32} = \dfrac{\square}{16} = \dfrac{\square}{4}$

**2** 次の分数を約分しましょう。

❶ $\dfrac{7}{28}$

❷ $\dfrac{15}{60}$

❸ $\dfrac{36}{24}$

**3** $\dfrac{20}{50}$ と同じ大きさの分数を，$\dfrac{20}{50}$ はのぞいて，分母が小さい順に3つ答えましょう。

(　　　　　　　　　　　　　)

## 例題2　通分と分数の大きさ

次の２つの分数の分母を同じ数になおし，大きさを比べます。大きい分数はどちらですか。

① $\dfrac{3}{5}$,　$\dfrac{2}{3}$

② $\dfrac{1}{3}$,　$\dfrac{3}{4}$

**とき方**　分母がちがう分数の分母を同じ数になおすことを，通分といいます。ふつう，それぞれの分母の最小公倍数を分母にします。分母が同じ分数では，分子が大きいほうが大きい分数です。

分子にも分母と同じ数をかけます。

① $\dfrac{3}{5} = \dfrac{3\times3}{5\times\boxed{\phantom{00}}} = \dfrac{9}{\boxed{\phantom{00}}}$　　5と3の最小公倍数は15

$\dfrac{2}{3} = \dfrac{2\times5}{3\times\boxed{\phantom{00}}} = \dfrac{10}{\boxed{\phantom{00}}}$

分子の大きさを比べて，大きい

分数は $\boxed{\phantom{0000}}$

② $\dfrac{1}{3} = \dfrac{1\times4}{3\times\boxed{\phantom{00}}} = \dfrac{\boxed{\phantom{00}}}{\boxed{\phantom{00}}}$　　3と4の最小公倍数は12

$\dfrac{3}{4} = \dfrac{3\times3}{4\times\boxed{\phantom{00}}} = \dfrac{\boxed{\phantom{00}}}{\boxed{\phantom{00}}}$

分子の大きさを比べて，大きい

分数は $\boxed{\phantom{0000}}$

**4**　次の分数を通分しましょう。

❶ $\dfrac{1}{2}$,　$\dfrac{1}{7}$

❷ $\dfrac{1}{3}$,　$\dfrac{4}{5}$,　$\dfrac{5}{6}$

❸ $\dfrac{2}{5}$,　$\dfrac{7}{20}$,　$\dfrac{11}{25}$

**5**　赤のリボンが $\dfrac{5}{12}$ m，青のリボンが $\dfrac{4}{15}$ m，緑のリボンが $\dfrac{7}{10}$ m あります。長い順に左からならべ，リボンの色で答えましょう。

（　　　　　　　　　　　　　　）

## 15 約分と通分

深めよう

★★★ ハイ レベル

小数は分数になおしてから，通分や約分を使って，大きさを比べよう！

❶ 分母が12で，$\frac{3}{4}$ より大きく，$\frac{11}{6}$ より小さい分数のうち，これ以上約分ができない分数をすべて答えましょう。

（　　　　　　　　　　　　　　　　）

❷ 1よりも小さく，分母がそれぞれちがう1けたの整数である3つの分数ア，イ，ウがあります。分数アとイを通分すると分母は15になります。分数イとウを通分すると分母は24になります。

❶ 分数ア，イ，ウの分母はそれぞれいくつですか。

（アの分母　　　　　　イの分母　　　　　　ウの分母　　　　）

❷ 分数ア，イ，ウを通分したときの分母はいくつですか。

（　　　　　　　　　　　　　　　　）

❸ 10から20までの整数を分母とする分数のうち，$\frac{1}{2}$ と同じ大きさの分数は全部で何個ありますか。ただし，分子は整数とします。

（　　　　　　　　　　　　　　　　）

❹ $\frac{1}{4}$ と $\frac{1}{2}$ の間にある7を分母とする分数をすべて答えましょう。

（　　　　　　　　　　　　　　　　）

**⑤** **❶** 分母と分子の和が63で，約分すると $\frac{4}{5}$ になる分数はいくつですか。

（　　　　　）

**❷** 分母と分子の差が60で，約分すると $\frac{1}{6}$ になる分数はいくつですか。

（　　　　　）

★★★ できたらスゴイ！

**⑥** 次の□にあてはまる整数はいくつですか。

**❶** $\frac{11}{18}$ の分子から□をひき，約分すると $\frac{1}{3}$ になります。

（　　　　　）

**❷** $\frac{11}{10} < \frac{99}{\square} < \frac{9}{8}$ が成り立ちます。

（　　　　　）

**⑦** ゆきこさんは，月曜日に $1\frac{5}{6}$ 時間，火曜日に1.1時間，水曜日に $1\frac{3}{7}$ 時間，木曜日に $\frac{13}{8}$ 時間勉強をしました。勉強をした時間が長かった曜日の順に左からならべましょう。

（　　　　　）

**！ヒント**

**⑥** **❶** $\frac{1}{3}$ の分母を18にしたときの分子を考えよう。

**❷** 通分して分子を同じ数にして考えよう。

**⑦** 小数は分数になおし，帯分数は仮分数になおして考えよう。

答え▶24ページ

## 16 分数のたし算・ひき算

分母がちがうときは通
分してから計算して，
答えは約分ができるか
必ず確かめよう！

 確かめ
よう

**標準 レベル**

### 例題 1　分数のたし算とひき算

次の計算をしましょう。

① $\dfrac{5}{12} + \dfrac{3}{4}$

② $\dfrac{13}{15} - \dfrac{1}{6}$

**とき方**　通分して分母が同じ分数にし，分子をたしたり，ひいたりします。約分
ができるときは必ず約分をしてから答えましょう。

① $\dfrac{5}{12} + \dfrac{3}{4}$

通分します。

$= \dfrac{5}{12} + \dfrac{\boxed{\phantom{0}}}{12}$

分子を
たします。

$= \dfrac{14}{12}$

約分します。

$= \boxed{\phantom{000}}$

② $\dfrac{13}{15} - \dfrac{1}{6}$

通分します。

$= \dfrac{26}{30} - \dfrac{\boxed{\phantom{0}}}{30}$

分子を
ひきます。

$= \dfrac{21}{30}$

約分します。

$= \boxed{\phantom{000}}$

**📖さんこう**

答えが仮分数のとき，帯分数になおすと大きさがわかりやすくなり，約分できるかどう
かもわかりやすくなります。

---

**1** 次の計算をしましょう。

① $\dfrac{1}{3} + \dfrac{3}{4}$

② $\dfrac{2}{5} + \dfrac{1}{3}$

③ $\dfrac{5}{6} - \dfrac{3}{8}$

④ $\dfrac{4}{5} - \dfrac{3}{4}$

⑤ $\dfrac{5}{6} + \dfrac{2}{3} + \dfrac{1}{2}$

⑥ $\dfrac{11}{14} - \dfrac{2}{7} - \dfrac{3}{28}$

**2** 次の計算をしましょう。

① $1\dfrac{1}{3} + 2\dfrac{1}{2}$

② $5\dfrac{3}{4} - 2\dfrac{3}{8}$

③ $\dfrac{5}{7} + 0.2$

「月平均気温」ということばもあるね。これはある月の，月間の日平均気温を
さらに平均した気温なんだって。それから，「年平均気温」もあるよ。月平均
気温１２か月分の平均だよ。平均をいくつもとっているんだね。

---

**例題2** **分数のたし算とひき算の利用**

たかしさんは家から駅まで向かいます。とちゅうにある図書館までの $1\frac{1}{6}$ kmは

歩き，図書館から駅までの残りの $\frac{5}{18}$ kmはバスに乗って行きました。

① 家から駅までの道のりは何kmですか。

② 家から図書館までの道のりと，図書館から駅までの道のりは，どちらが何km
長いですか。

**とき方**　通分して，分数のたし算，ひき算をします。

① $1\frac{1}{6} + \frac{5}{18} = 1\frac{3}{18} + \frac{5}{18} = 1\boxed{\phantom{00}} = 1\boxed{\phantom{00}}$

　　　　通分します。　　　　　　　　約分します。

答え $\boxed{\phantom{00}}$ km

② $1\frac{1}{6} - \frac{5}{18} = 1\frac{3}{18} - \frac{5}{18} = \boxed{\phantom{00}} - \frac{5}{18} = \boxed{\phantom{00}} = \boxed{\phantom{00}}$

　　　　通分します。　１くり下げます。　　　　　　　約分します。

答え $\boxed{\phantom{00}}$ から $\boxed{\phantom{00}}$ までのほうが，$\boxed{\phantom{00}}$ km長い

---

**3** １Lの牛にゅうを，けんじさんが $\frac{1}{10}$ L，あつこさんが $\frac{3}{10}$ L飲みました。あと何
L残っていますか。

式　　　　　　　　　　　　　　　　　答え（　　　　　　　　）

**4** 青のリボンが $\frac{2}{3}$ m，白のリボンが $\frac{3}{8}$ mあります。２本のリボンの長さはあわせ
て何mですか。

式　　　　　　　　　　　　　　　　　答え（　　　　　　　　）

## 16 分数のたし算・ひき算

答え▶25ページ

文章問題は，分数のたし算になるのかひき算になるのかを問題文から読みとろう！

深めよう

★★★ ハイ レベル

**1** 次の計算をしましょう。答えは分数で答えましょう。

❶ $0.4 + \dfrac{3}{4}$

❷ $\dfrac{3}{4} + 0.9$

❸ $1.2 - \dfrac{3}{7}$

❹ $\dfrac{5}{6} - 0.25$

❺ $\dfrac{8}{9} - 0.6$

❻ $\dfrac{11}{12} + 1.05$

❼ $\dfrac{1}{5} + \dfrac{3}{4} - \dfrac{2}{3}$

❽ $\dfrac{5}{6} - \dfrac{1}{2} + \dfrac{1}{3}$

❾ $\dfrac{5}{8} + \dfrac{3}{5} - \dfrac{3}{10}$

**2** $\dfrac{5}{6}$ mのテープ3本を1本につなぎます。つなぎ目に $\dfrac{1}{8}$ m使うと，1本につなげたテープの長さは何mになりますか。

式

答え（　　　　　　　　）

**3** Aの入れ物には $\dfrac{3}{8}$ L，Bの入れ物には $\dfrac{3}{5}$ L，Cの入れ物には $\dfrac{3}{4}$ Lの水がそれぞれ入っています。水は全部で何Lありますか。

式

答え（　　　　　　　　）

━━━ ✦✦✦ **できたらスゴイ!** ━━━

**④** 次の計算をしましょう。答えは分数で答えましょう。

**❶** $1.4 + \dfrac{3}{4} - 0.3 + \dfrac{4}{5}$　　　　**❷** $1.2 - \dfrac{3}{4} + \dfrac{1}{3} + 0.9$

**❸** $\dfrac{5}{6} - \dfrac{3}{4} + \dfrac{5}{12} - \dfrac{7}{24}$　　　　**❹** $\dfrac{8}{9} - \dfrac{7}{10} + \dfrac{11}{30} + \dfrac{4}{15}$

**⑤** 右の図のように, 2本のテープÃ, B̃があります。テープＡのほうが短く, テープＡとテープＢの長さの和が $\dfrac{7}{12}$ m, 差が $\dfrac{1}{3}$ mのとき, テープＡの長さは何mですか。

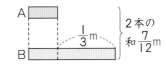

**式**

答え（　　　　　　　　）

**⑥** たかしさんは遠足のために, じゅんびしていたお金の $\dfrac{1}{8}$ でおかしを買い, $\dfrac{1}{6}$ で飲み物を買い, $\dfrac{1}{3}$ で地図を買ったところ, 使ったお金の合計が1500円になりました。じゅんびしていたお金はいくらですか。

**式**

答え（　　　　　　　　）

**❗ヒント**

**④** 小数は分数になおし, 約分できるときは約分してから計算すると, 計算がかんたんになるよ。

**⑤** 図から, ＡとＢの和から差をひくと, Ａの2本分の長さであることがわかるよ。

**⑥** 全体を1とみて, そのうちの $\dfrac{1}{8} + \dfrac{1}{6} + \dfrac{1}{3}$ が1500円になることから考えよう。

# 思考力育成問題

答え ▶ 25ページ

3人の会話から，分数のたし算にかくされたきまりを見つけよう！

❓ 🖊 分数のたし算と折り紙の面積を考えよう

⭐ 次の先生とれんさんとかなさんの会話文を読んで，あとの問題に答えましょう。

先生 ：下のたし算の式を見て，何か気づくことはあるかな？

$$\frac{1}{2} + \frac{1}{4} + \frac{1}{8} + \frac{1}{16} + \frac{1}{32}$$

かなさん ：$\frac{1}{4}$ は $\frac{1}{2}$ の半分で，$\frac{1}{8}$ は $\frac{1}{4}$ の半分だから，［　①　］

である分数を，左からたしていく形になっています。

れんさん ：この式を計算すると，答えは ［　②　］ になりました。

先生 ：そうだね。ところで，右の図のような１辺が１mの正方形の折り紙を考えてみよう。

この折り紙の面積は ［　③　］ m² だよ。半分に折ったとき，①の面積は $\frac{1}{2}$ m² だね。

これをさらに半分に折っているから，②の面積は $\frac{1}{4}$ m² になるよ。

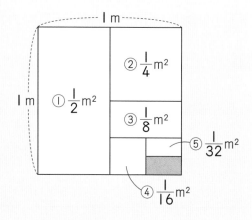

かなさん ：あれ？　先ほどの式と同じ分数が出てきますね。

74

れんさん：折り紙の面積が，分数のたし算を使って表されているみたいです。

先生：そう。折り紙の面積を考えると，$\frac{1}{2}+\frac{1}{4}+\frac{1}{8}+\frac{1}{16}+\frac{1}{32}$ を計算しなくても，およその答えがわかるんだ。正方形を見るとはい色の長方形の部分があるけれど，この面積はとても小さいから0m²としよう。このとき，半分になるように折っていったときにできる面積は，正方形の面積と同じと考えることができるから，答えはおよそ1になるといえるね。

かなさん：1からはい色の部分の面積の値をひいたものが，実際の答えですね。

れんさん：分数の式で，　　　　　④　　　　　答えをさらに1に近づけられそうです。

❶ ①にあてはまる文を書きましょう。

（　　　　　　　　　　　　　　　）

❷ ②にあてはまる値を分数で書きましょう。

（　　　　　　）

❸ ③にあてはまる値を書きましょう。

（　　　　　　）

❹ ④にあてはまる文を，文の終わりが「〜ことで」となる形で書きましょう。

（　　　　　　　　　　　　　　　　ことで）

!ヒント
❶ たされている分数を順番に見て，そのきまりを自分のことばで書き表してみよう。
❷ 5つの分数のたし算も，これまで通りに通分して計算することができるよ。
❸ 正方形の面積＝1辺×1辺　だったね。
❹ 長方形のはい色の部分の面積を少なくすることを考えてみよう。

# 17 平均

答え▶25ページ

平均の求め方をおぼえて，ならした数がどのくらいになるのか予想できるようになろう！

確かめよう  ・・・・・・ 標準 レベル ・・・・・・

## 例題1 平均の求め方

5個のみかんがあり，それぞれの重さをはかると次のようになりました。5個のみかんの重さの平均は何gですか。

80g，105g，90g，80g，85g

**とき方** いくつかの数や量をならして等しい大きさにしたものを平均といいます。平均は，すべての数や量の合計を個数で等分することで求めることができます。平均＝合計÷個数 です。

みかん5個の重さの合計は，$80+105+90+80+85=$ [　　　　] (g)

個数は5個だから，

平均は，[　　　　] ÷ [　　　] = [　　　　] (g)

　　　　　　　合計　　　　　個数　　　　　平均

📖**さんこう**

平均では，ふつうは整数になる人数や個数などが，小数になることもあります。また，数や量が0のものも個数として数えます。

**1** 次の得点は，けんじさんが的当てゲームを8回行ったときの得点です。1回に平均何点とりましたか。

7点，5点，0点，9点，11点，5点，10点，5点

式

答え（　　　　　　　　　）

**2** ゆかさんが受けた4回のテストの得点は，1回目から順に，83点，72点，91点，80点でした。

❶ 3回目までのテストの得点の平均は何点ですか。

式

答え（　　　　　　　　　）

❷ 4回のテストの得点の平均は何点ですか。

式

答え（　　　　　　　　　）

ある時点や地点の気温を表すとき，よく「平年並の気温」ということばが出てくるね。2021年から2030年の気温までの「平年」は，1991年〜2020年の30年間の観測値の平均なんだって。

### 例題2　仮の平均

次の数は，8人のそれぞれの身長です。最も小さい数を仮の平均として，8人の身長の平均を求めましょう。

150cm，153cm，148cm，145cm，159cm，140cm，152cm，153cm

**とき方**　最も小さい140を仮の平均として，140を0とみます。そのほかの数を，140との差で表し，差の平均を求めます。求めた差の平均を仮の平均にたすと，正しい平均が求められます。

仮の平均を最も小さい　□　とします。

そのほかの数と仮の平均との差の平均は，

すべて仮の平均より大きくなります。

$(10+13+8+5+19+\underline{0}+12+13)÷8=$ □ (cm)…☆

仮の平均との差は0　　　　仮の平均との差の平均

仮の平均に☆の数をたして，

正しい平均は，□ ＋ □ ＝ □ (cm)

仮の平均　　　☆　　　正しい平均

**📖さんこう**

個数が多いときや，それぞれの数や量が大きいとき，仮の平均を使って正しい平均を求めると，計算がかんたんになることがあります。

**3** 次の10個の数の平均を，最も小さい数を仮の平均として求めましょう。

142, 125, 133, 120, 128, 145, 137, 142, 129, 148

式

**答え** （　　　　　　）

## 17 平均

答え▶26ページ

平均＝合計÷個数 の式を使って色々な数や個数の求め方を考えよう！

深めよう

ハイ レベル

**1** 1はんと2はんの5人の体重は，それぞれ次のようになりました。

1はん　39kg, 41kg, 37kg, 40kg, 43kg

2はん　42kg, 36kg, 39kg, 41kg, 40kg

❶ どちらのはんが，1人あたりの体重が何kg重いといえますか。

式

答え（　　　　　　　　　　）

❷ 全員の体重の平均は何kgですか。

式

答え（　　　　　　　　　　）

**2** ゆうきさんは，1年間（365日）で255.5Lの牛にゅうを飲みました。1日に飲む牛にゅうの量は同じとすると，ゆうきさんが35Lの牛にゅうを飲むのに何日かかりましたか。

式

答え（　　　　　　　　　　）

**3** ともやさんが28歩歩いた長さをはかると，18.2mでした。家から図書館まで1.5kmの道のりを，ともやさんは家から2280歩歩きました。このとき，ともやさんは図書館に着きますか，着きませんか。着くときは「着く」と答えましょう。着かないときは図書館までの残りの道のりが何mか答えましょう。

式

答え（　　　　　　　　　　）

④ 次の15個のりんごの重さの平均を，仮の平均を275gとして求めましょう。

320g, 328g, 302g, 286g, 295g, 324g, 310g, 351g,
281g, 275g, 306g, 341g, 307g, 285g, 297g

式

答え（　　　　　　　　）

### ★★★ できたらスゴイ！

⑤ Aさん，Bさん，Cさんの3人の身長の平均は145cmで，これにDさんが加わると平均が1cm高くなります。Dさんの身長は何cmですか。

式

答え（　　　　　　　　）

⑥ Aさんのクラスは男子が20人，女子が15人です。算数のテストを行ったところ，クラス全体の平均点は74点で，男子の平均点は68点でした。女子の平均点は何点ですか。

式

答え（　　　　　　　　）

⑦ けんごさんの算数のテストの平均点は65点でした。今回のテストで97点をとったので，平均点が69点になりました。今回のテストは何回目ですか。

式

答え（　　　　　　　　）

! ヒント

⑤ 3人の身長の合計と4人の身長の合計の差がDさんの身長だね。

⑥ クラス全体の得点の合計，男子の得点の合計を求め，女子の得点の合計を考えよう。

⑦ 平均点よりも多かった得点を，受けたテストの回数で分けると考えよう。

「答えと考え方」を読んでおさらいしよう！　　79

# 18 単位量あたりの大きさ

確かめよう

**標準 レベル**

平均を使って，あるきまった単位量あたりの量や大きさを求めて，比べてみよう！

## 例題1 単位量あたりの大きさ

右の表は，広場アと広場イにいる犬の数をまとめたものです。犬について考えるとき，こんでいるのは，どちらの広場ですか。

|   | 面積($m^2$) | 犬の数（ひき） |
|---|---|---|
| ア | 8 | 32 |
| イ | 6 | 30 |

**とき方** $1 m^2$ あたりの平均の犬の数のように，2つの量のうち一方をそろえてもう一方を表した大きさを，単位量あたりの大きさといいます。こみぐあいなどを比べることができます。

広場アと広場イの $1 m^2$ あたりの平均の犬の数を求めます。

広場ア  32÷ [　　] = [　　] （ひき）

　　　　　全体　　面積　　$1m^2$あたりの平均

広場イ  [　　] ÷6= [　　] （ひき）

だから，広場 [　　] のほうがこんでいます。

**📖さんこう**
犬1ぴきあたりの平均の広場の面積を求めて比べてもよいです。1ぴきあたりの面積が小さいほうがこんでいます。

---

**1** 右の表は，広場ア，広場イ，広場ウにある木の本数をまとめたものです。

|   | 面積($m^2$) | 木の本数（本） |
|---|---|---|
| ア | 12 | 96 |
| イ | 14 | 119 |
| ウ | 15 | 120 |

❶ 木について，いちばんこんでいる広場はどれで，$1 m^2$ あたり平均何本の木が立っていますか。

**式**

答え（　　　　　　　　　　　　）

❷ 面積が$20 m^2$の広場エがあり，木についてのこみぐあいは広場アと同じです。広場エにある木は全部で何本ですか。

**式**

答え（　　　　　　　　　　　　）

物知り算数豆知識　海を船が進むとき,「海里」という単位できょりを表すことがあるよ。南極と北極を通って地球を一周する長さを, 21600でわった長さが1海里だよ。1海里＝約1852mなんだって。

---

### 例題2　さまざまな単位量あたりの大きさ

右の表は, A市とB市の面積と人口をまとめたものです。人のこみぐあいが大きいのは, どちらの市ですか。

|  | 面積(km²) | 人口(万人) |
|---|---|---|
| A市 | 2532 | 54 |
| B市 | 3102 | 86 |

**とき方**　単位面積(ふつう1km²)あたりの人口を人口密度といいます。人口密度が大きいほどこみぐあいが大きいことを表します。

A市とB市の人口密度を求めます。

A市　540000÷ ☐ ＝ ☐ (人)
　　　人口　　面積　　人口密度

小数第一位を四捨五入して整数で求めましょう。

**さんこう**　人口密度は, 国や都道府県の人のこみぐあいを比べるときによく使われます。

B市　☐ ÷3102＝ ☐ (人)

だから, ☐ 市のほうが人口密度が高く, こんでいます。

---

**2** 150gで280円の肉ア, 300gで450円の肉イ, 80gで152円の肉ウがあります。肉を100g買うとき, 安い順に左からならべ, 記号で答えましょう。

式

答え(　　　　　　　　　)

**3** 畑Aは255aで, 9690kgの作物がとれました。畑Bは129aで, 畑Aと同じ作物が4644kgとれました。作物がよくとれる畑といえるのはどちらの畑ですか。

式

答え(　　　　　　　　　)

答え▶27ページ

## 18 単位量あたりの大きさ

深めよう ★★★ ハイ レベル

> 単位量あたりの大きさ
> を利用して，色々な量
> を求めてみよう！

❶ ある市の面積は1215km² で，人口密度は1600人です。この市の人口はおよそ何万人ですか。四捨五入して答えましょう。

式

答え（　　　　　　　　　　　）

❷ 42dLのペンキがあります。このペンキを使って9m²のかべをぬります。かべの4m²をぬったところで，ペンキは28dL残っていました。

❶ 1m²のかべをぬるために必要なペンキは何dLですか。

式

答え（　　　　　　　　　　　）

❷ かべをすべてぬり終わったとき，残っているペンキは何dLですか。ペンキが残らないときは，「残らない」と答えましょう。

式

答え（　　　　　　　　　　　）

❸ 18Lの重さが14.4kgの油があります。

❶ この油35Lの重さは何kgですか。

式

答え（　　　　　　　　　　　）

❷ この油の重さが48kgのとき，何Lありますか。

式

答え（　　　　　　　　　　　）

❹　ある小学校の今年の5年生の人数は150人で，校庭の面積は3300m²です。来年の5年生の人数は165人になることがわかっています。来年の5年生1人あたりの校庭の面積は，今年と比べて何m²ふえますか，またはへりますか。

式

答え（　　　　　　　　　　　　）

✦✦✦ できたらスゴイ！

❺　はり金28mの重さをはかったら，5kgありました。このはり金100gのねだんが140円であるとすると，100円では何cm買うことができますか。

式

答え（　　　　　　　　　　　　）

❻　面積が20km²で人口密度が3200人のＡ市と，面積が30km²で人口密度が□人のＢ市があわさってＣ市ができました。Ｃ市の人口密度は2540人になりました。□にあてはまる数はいくつですか。

式

答え（　　　　　　　　　　　　）

❼　45Lのガソリンで540km走る自動車Ａと，70Lのガソリンで665km走る自動車Ｂがあります。自動車Ａと自動車Ｂで同じ道路を570km走りました。このとき，2台の自動車が使ったガソリンの量の差は何Lですか。

式

答え（　　　　　　　　　　　　）

❗ヒント
　❺　はり金100gあたりの長さを求めて，100円で買える長さを考えよう。
　❻　Ｃ市の面積はＡ市の面積とＢ市の面積の合計であることからＣ市の人口を求めよう。
　❼　まず，2台の自動車がガソリン1Lで何km走るのかを考えよう。

「答えと考え方」を読んでおさらいしよう！　　83

## 19 速さ

1秒，1分，1時間あた
りに進む道のりである
速さも，単位量あたり
の大きさといえるね！

確かめよう　　標準レベル

### 例題1　速さの求め方と比べ方

はやとさんは90mを15秒で走りました。なおきさんは175mを25秒で走りました。はやとさんとなおきさんの走る速さは，それぞれ秒速何mですか。また，どちらが速いですか。

**とき方**　単位時間あたりに進む道のりを速さといい，速さ＝道のり÷時間　です。1秒間に進んだ道のりを秒速といい，秒速の数字が大きいほど速いです。

はやとさん　90÷□＝□（m）　　秒速□m
　　　　　　道のり　時間　　速さ　　　　1秒間に進んだ道のり

なおきさん　□÷25＝□（m）　　秒速□m

だから，□さんのほうが速いです。
1秒間に進んだ道のりが大きいほうです。

**たいせつ**
秒速…1秒間に進む道のりで表した速さ
分速…1分間に進む道のりで表した速さ
時速…1時間に進む道のりで表した速さ

**1** 次の速さを求めましょう。

❶ 350kmの道のりを，7時間で走る自動車の時速
　式

答え（　　　　　）

❷ 1200mを20分で歩いたときの分速
　式

答え（　　　　　）

**2** 570kmの道のりを15時間で走る自動車アと，522kmの道のりを14.5時間で走る自動車イは，どちらが速いといえますか。
　式

答え（　　　　　）

船の速さを表すときに,「ノット」という単位を使うことがあるね。1ノットは, 1海里を船が1時間で進むきょりのことだよ。1ノット＝時速約1.8kmだね。

---

例題2　速さの単位の関係

ゆりさんは秒速1.2mで歩いています。

① ゆりさんは, 分速何mで歩いていますか。

② ゆりさんは, 時速何kmで歩いていますか。

**とき方**　秒速(1秒間に進んだ道のり)の60倍が1分間に進んだ道のりです。分速(1分間に進んだ道のり)の60倍が1時間に進んだ道のりです。

① 1分＝60秒　だから, 1分間に進む道のりは,

$$1.2 \times \boxed{\phantom{00}} = \boxed{\phantom{00}} \qquad 分速 \boxed{\phantom{00}} \text{ m}$$

秒速　　　　　　　　　分速

② 1時間＝60分　で, 1分間に $\boxed{\phantom{00}}$ m進むから, 1時間では,

$$\boxed{\phantom{00}} \times 60 = \boxed{\phantom{00}}$$

分速　　　　　　時速

$$\boxed{\phantom{00}} \text{ m} = \boxed{\phantom{00}} \text{ km}$$

時速 $\boxed{\phantom{00}}$ km

**たいせつ**
分速＝秒速×60　　時速＝分速×60＝秒速×3600

---

3　時速54kmで走る自動車の分速は何kmですか。また, 秒速は何mですか。

式

答え（　　　　　　　　　　　）

4　秒速5mで走るこうじさんと, 分速320mで走るあきらさんは, どちらが速いといえますか。

式

答え（　　　　　　　　　　　）

答え▶28ページ

## 19 速さ

深めよう ★★★ ハイ レベル

秒速，分速，時速の関係から，どの速さの単位にそろえるとよいか考えてみよう！

**1** 次の速さを求め，（ ）の中の単位で答えましょう。

❶ 1.8時間で81km走る自動車の分速(m)

式

答え（　　　　　　　　）

❷ 12kmを80分で走る人の時速(m)

式

答え（　　　　　　　　）

❸ 10.5kmを8分45秒で走る列車の時速(km)

式

答え（　　　　　　　　）

**2** かずまさんは，家から960mの道のりがある学校まで歩いて通っています。ある日，午前7時45分に家を出発して，午前8時9分に学校に着きました。かずまさんは時速何kmで歩きましたか。

式

答え（　　　　　　　　）

**3** 分速0.72kmで走る自動車Ａと時速45kmで走る自動車Ｂがあります。1秒間に走る道のりは，どちらの自動車が何m多いですか。

式

答え（　　　　　　　　）

━━━ ✦✦✦ **できたらスゴイ！** ━━━

❹ みゆきさんの家から図書館までの道のりは2.4kmです。みゆきさんは自転車で家と図書館の間を往復しました。

❶ 家から図書館までの行きは10分，図書館から家までの帰りは12分かかりました。行きと帰りの速さは，それぞれ時速何mですか。

式

答え（行き　　　　　　　　　　　　帰り　　　　　　　　　　）

❷ 家と図書館の間の往復での平均の速さは，分速およそ何mですか。小数第一位を四捨五入して整数で答えましょう。

式

答え（　　　　　　　　　　　　　　　　　　　　　　）

❺ 家から湖までの道のりは1.7kmあります。Aさんは，家から湖まで歩いて往復しました。湖で20分休んだので，ちょうど1時間かかりました。Aさんの歩いた速さは分速何mでしたか。

式

答え（　　　　　　　　　　　　　　　　　　　　　　）

❻ たくやさんは1秒間に平均2歩歩き，1歩の歩はばは約73cmです。ひろみさんは1秒間に平均2.5歩歩き，1歩の歩はばは約70cmです。1分間に進む道のりは，どちらが何m多いですか。

式

答え（　　　　　　　　　　　　　　　　　　　　　　）

**！ヒント**

❹ ❷ 往復の道のりを何分で走ったかを考えよう。

❺ 20分休んだので，実際に歩いた時間は40分であることに注意しよう。

❻ 1秒間に進む道のりを求めて，1分間に進む道のりになおして比べよう。

答え ▶ 29ページ

## 20 速さの利用

 確かめよう ・・・・・・・・・ ◆ ◆ ◆ 標準 レベル ・・・・・・・・・

> 速さ，道のり，時間の関係をおぼえて，計算で求められるようになろう！

### 例題 1 　道のりと時間の求め方

じそく
時速65kmで走る列車があります。

① この列車が5時間走ると，何km進みますか。

② この列車が260km進むのに，何時間かかりますか。

**とき方**　時速は1時間あたりに進む道のりです。①時速の5倍の道のりを進むことになるので，速さに5をかけます。②260kmを1時間で進む道のり（速さ）でわります。

① 65× □ = □ （km）
　　 速さ　時間　　道のり

② □ ÷65= □ （時間）
　道のり　　速さ　時間

> 👆 **たいせつ**
> （速さ）＝（道のり）÷（時間）
> （道のり）＝（速さ）×（時間）
> （時間）＝（道のり）÷（速さ）

**1**　次の道のりを求め，（　）の中の単位で答えましょう。

❶ 時速25kmで3.6時間走ったときに進む道のり（km）

式

答え（　　　　　　　　　）

❷ 分速200mで2時間走ったときに進む道のり（km）

式

答え（　　　　　　　　　）

**2**　次の時間を求め，（　）の中の単位で答えましょう。

❶ 3900mを秒速6.5mで走ったときにかかる時間（分）

式

答え（　　　　　　　　　）

❷ 5kmを時速2kmで走ったときにかかる時間（分）

式

答え（　　　　　　　　　）

「12345679」を9倍すると111111111になるよ。もちろん，18倍すると222222222，27倍すると333333333となるから，9けたのぞろ目を，9の倍数のかけ算で作ることができるね。

## 例題2　速さの利用

機械アは，12分間に144個の製品を作ります。機械イは，2時間に1680個の製品を作ります。製品を作る速さが速いのはどちらの機械ですか。

**とき方**　1分間あたりに作る製品の数を求めて比べます。同じ時間あたりに作る製品の数が多いほうが，作る速さが速い機械です。

機械ア　┌──────┐ ÷12＝┌──────┐　　1分間に作る製品の
　　　　製品の数　　　時間　1分間に作る製品の数　数は ┌──┐ 個

機械イ　2時間＝┌──────┐ 分　単位を分にそろえます。

1680÷┌──────┐ ＝┌──────┐　　1分間に作る製品の
　　製品の数　　　　1分間に作る製品の数　数は ┌──┐ 個

1分間あたりに作る製品の数が多いのは機械 ┌──┐ だから，

機械 ┌──┐ のほうが速いです。

**📖さんこう**
1秒間あたりや1時間あたりに作る製品の数を求めて比べてもよいです。計算がかんたんになる単位を選びましょう。

**3** コピー機Aは3時間で20700まい，コピー機Bは360秒間で660まいをコピーすることができます。コピーする速さが速いのは，どちらのコピー機ですか。

**式**

**答え** (　　　　　　　　　　　)

## 20 速さの利用

速さから時間や道のりを求めて，和や差を考えてみよう！

① 時速50kmの自動車で走ると4.5時間かかる道のりを，分速1.25kmの自動車で走るとき，何時間かかりますか。

式

答え（　　　　　　）

② 家から公民館までの道のりを，秒速3mで走って往復したところ，0.25時間かかりました。家から公民館までの道のりは何kmですか。

式

答え（　　　　　　）

③ 360kmはなれたＡ地点からＢ地点までの間を自動車で往復します。行きのＡ地点からＢ地点までは時速45km，帰りのＢ地点からＡ地点までは時速40kmで進みました。往復の平均の速さは時速およそ何kmですか。小数第一位を四捨五入して整数で答えましょう。

式

答え（　　　　　　）

④ 水道Ａは90分で180Lの水をためることができます。水道Ｂは2時間で300Lの水をためることができます。水道Ａと水道Ｂのじゃぐちを同時に開き，水をためます。1時間で何Lの水をためることができますか。

式

答え（　　　　　　）

······ ✦✦✦ **できたらスゴイ！** ······

**❺** 周囲1.2kmの池のまわりを，兄と妹が同じ地点から同時に歩き始めました。兄が分速110m，妹が分速70mで同じ方向に進むとき，兄が妹にはじめて追いつくのは何分後ですか。

式

答え（　　　　　　　　　）

**❻** 駅から学校までの道のりは3.2kmです。れい子さんは駅から学校に向かって分速60mで，たかおさんは学校から駅に向かって分速100mで進みます。2人が同時に出発したとき，出会うのは何分後ですか。

式

答え（　　　　　　　　　）

**❼** あや子さんは分速80m，しずかさんは分速100mで歩きます。2人はある池のまわりを同じスタート地点から同時に逆方向へ向かって歩きます。あや子さんは，池を1周するのに9分かかります。2人がはじめて出会うのは，あや子さんがスタートしてから何m進んだ地点ですか。

式

答え（　　　　　　　　　）

**★❽** 家から公園までの道のりは1800mあります。妹は午前10時に家を出発し，分速60mの速さで歩いて公園に向かいました。姉が分速72mで公園に向かうとき，2人が同時に公園に着くには，姉は午前10時何分に家を出発しなければいけませんか。

式

答え（　　　　　　　　　）

**❗ヒント**

❺ 2人が同じ方向に進むとき，1分間に進む道のりは速さの差だけ追いついていくよ。

❻ 2人が近づいていく方向に進むとき，1分間に進む道のりは速さの和だけ近づいていくよ。

❼ まず，池1周の道のりを求め，2人が反対方向へ進んだことを考えよう。

❽ 同じ道のりを進むときの，妹と姉がかかる時間を考えて比べよう。

「答えと考え方」を読んでおさらいしよう！　　91

答え▶30ページ

## 21 平行四辺形の面積

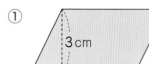 標準レベル

> 平行四辺形の面積を求める公式を使って，底辺や高さを求めることもできるよ！

### 例題1 平行四辺形の面積の求め方

次の平行四辺形の面積は何cm²ですか。

① 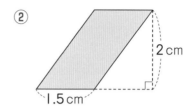 ②

**とき方** たとえば①で，5cmの辺を底辺としたとき，その底辺に垂直な直線の長さを高さといいます。平行四辺形の面積＝底辺×高さ です。

①

底辺 × 高さ = 面積 (cm²)

② 高さが平行四辺形の中にないときも，底辺に垂直な直線が高さとなります。

底辺を1.5cmの辺としたときの高さは  cm です。

底辺 × 高さ = 面積 (cm²)

---

**1** 次の平行四辺形の面積は何cm²ですか。

❶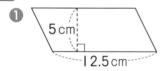

❷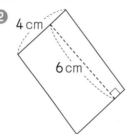

❸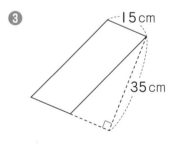

( )  ( )  ( )

人の体の中には血液が流れているね。血液を通す管を「血管」というけれど, 大人の場合, 血管をすべてつなげると, およそ10万kmになるんだって。地球を1周するきょりがおよそ4万kmだから, 2.5周分だね！

---

**例題2** 平行四辺形の面積からわかること

底辺の長さが7.5cmで, 面積が60cm²の平行四辺形があります。この平行四辺形の高さは何cmですか。

**とき方**　平行四辺形の面積＝底辺×高さ　高さを□とすると,

平行四辺形の面積＝底辺×□　□＝平行四辺形の面積÷底辺　です。

平行四辺形の面積を求める公式から,

|           ÷           =           (cm)
面積　　　　　底辺　　　　　高さ

👉**たいせつ**
平行四辺形の面積＝底辺×高さ
底辺＝平行四辺形の面積÷高さ
高さ＝平行四辺形の面積÷底辺

---

**2** 底辺が15cm, 高さが4cmの平行四辺形があります。この平行四辺形と面積が等しく, 高さが12cmの平行四辺形の底辺の長さは何cmですか。

　**式**

　　　　　　　　　　　　　　　　　　　　　　　**答え** (　　　　　　　　　)

**3** 高さが8cm, 底辺の長さが6cmの平行四辺形があります。この平行四辺形の面積を変えずに底辺の長さを4cmに変えるとき, 高さは何cmに変えればよいですか。

　**式**

　　　　　　　　　　　　　　　　　　　　　　　**答え** (　　　　　　　　　)

**4** 右の図の直線アとイは平行です。図の平行四辺形A, B, Cの面積はすべて等しいです。その理由を「平行」ということばを使ってかんたんに説明しましょう。

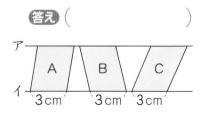

（　　　　　　　　　　　　　　　　　　　　　　　　　　　）

答え▶31ページ

## 21 平行四辺形の面積

深めよう ★★★★★ ハイ レベル

平行四辺形の面積を使って，色々な形の面積を考えてみよう！

❶ 右の図の色をつけた部分は平行四辺形です。色をつけた部分の面積は何cm²ですか。

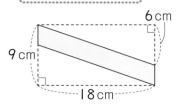

式

答え（　　　　　　　　）

❷ 次の図は，平行四辺形の土地に道路を通したときのようすを表しています。色のついていない白い部分が道路です。道路以外の部分の面積は何m²ですか。

❶

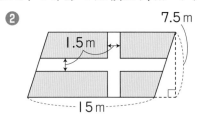

❷

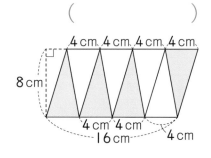

（　　　　　　　）　　　（　　　　　　　）

❸ 右の図は平行四辺形です。色をつけた部分の面積は何cm²ですか。

式

答え（　　　　　　　　）

**4** 右の図のように，平行四辺形の4つの辺のまん中の点をむすび，四角形アをかきました。四角形アの面積は何cm²ですか。

式

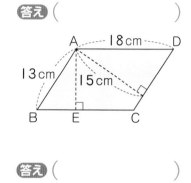

答え（　　　　　　　）

**5** 右の図の四角形ABCD（エービーシーディー）は平行四辺形です。AE（エーイー）の長さは何cmですか。

式

答え（　　　　　　　）

### ✦✦✦ できたらスゴイ！

**6** 次のア〜ウの長さが大きい順に左からならべ，記号で答えましょう。

ア　面積が128cm²で底辺（ていへん）の長さが16cmの平行四辺形の高（たか）さ

イ　面積が81cm²の正方形の1辺の長さ

ウ　面積が102cm²で横の長さが12cmの長方形のたての長さ

（　　　　　　　）

**7** 面積が1200cm²で，底辺の長さが25cmの平行四辺形アと，面積が3m²で底辺の長さが6mの平行四辺形イがあります。平行四辺形アとイの高さは，どちらが何cm大きいですか。

式

答え（　　　　　　　）

### !ヒント

**6** ア　平行四辺形の面積＝底辺×高さ　イ　正方形の面積＝1辺×1辺
ウ　長方形の面積＝たての長さ×横の長さ　の公式を使って考えよう。

**7** 高さを求め，単位をそろえて比べることに注意しよう。

「答えと考え方」を読んでおさらいしよう！

95

## 22 三角形の面積

答え▶31ページ

三角形の面積の求め方をおぼえて，高さと面積の関係を理解しよう！

 確かめよう ・・・・・・・・・・・・・・ 標準 レベル ・・・・・・・・・・・・・・

### 例題1 三角形の面積の求め方

次の三角形の面積は何 $cm^2$ ですか。

①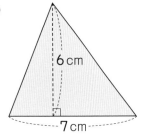

②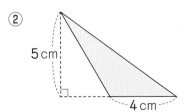

**とき方** たとえば①で，7cmの辺を底辺としたとき，その底辺に垂直な直線の長さを高さといいます。三角形の面積＝底辺×高さ÷2 です。

① ☐（底辺） × ☐（高さ） ÷2 = ☐（面積） $(cm^2)$

② 高さが三角形の中にないときも，底辺に垂直な直線の長さが高さとなります。底辺を4cmの辺としたときの高さは ☐ cm です。

☐（底辺） × ☐（高さ） ÷2 = ☐（面積） $(cm^2)$

---

**1** 次の三角形の面積は何 $cm^2$ ですか。

❶

❷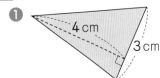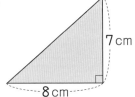

❸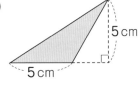

( )　　( )　　( )

コンピュータ上で，1つの問題を解決するための決まった手順のことを「アルゴリズム」というよ。人間があたり前にやっていることでも，コンピュータ上では正確なアルゴリズムをしめさないといけないんだね。

## 例題2　三角形の高さと面積

底辺の長さが6cmで変わらない三角形の高さを，1cm，2cm，3cm，…と変えていきます。

① 高さを□cm，面積を○cm² とします。三角形の面積を求める式を，□と○を使って表しましょう。

② □と○の関係を，下の表にまとめました。表のあいているところにあてはまる数を書き入れましょう。

| □(cm)（高さ） | 1 | 2 | 3 | 4 | 5 | 6 |
|---|---|---|---|---|---|---|
| ○(cm²)（面積） | 3 | 6 | 9 | 12 | | |

③ 三角形の面積は，高さに比例していますか，比例していませんか。

**とき方**　三角形の面積＝底辺×高さ÷2　の式に□と○をあてはめましょう。それぞれの高さ(□)のときの三角形の面積(○)を求め，□と○の関係を見つけます。

① 三角形の面積を求める公式に□と○をあてはめます。

6　×　[　　] ÷2＝[　　]（cm²）
底辺　　　高さ　　　　　面積

**📖 さんこう**
三角形の高さを決めたとき，面積は底辺の長さに比例します。

② □＝5　6×[　　]÷2＝[　　]（cm²）
　　　　　　　　　　　　　　　　　面積が○にあてはまる数

　□＝6　6×[　　]÷2＝[　　]（cm²）

③ 高さが2倍，3倍，…となると，面積も2倍，3倍，…となるので，三角形の面積は，高さに比例[　　　　]。

**2** 底辺の長さが10cmの三角形があります。高さが18cmのときの面積は，高さが6cmのときの面積の何倍ですか。

**式**

**答え**（　　　　　　　　　）

答え ▶ 32ページ

## 22 三角形の面積

深めよう ··········★★★ **ハイ** レベル ··········

> 色々な三角形の面積や，三角形の面積と，底辺，高さの関係を考えよう！

**1** 次の三角形の面積は何cm² ですか。

❶
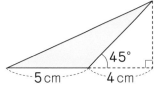

❷
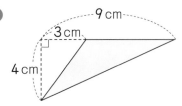

(          )       (          )

**2** 右の図の色のついている部分の面積は何cm² ですか。

式

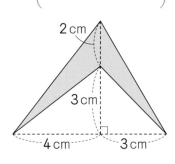

答え (          )

**3** 次の長さは何cmですか。

❶ 底辺の長さが7.5cmで，面積が52.5cm² の三角形の高さ

式

答え (          )

❷ 面積が50cm² で，高さが12.5cmの三角形の底辺の長さ

式

答え (          )

## ★★★ できたらスゴイ！

④ 右の図のCD<sub>シーディー</sub>の長さは何cmですか。

式

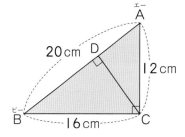

答え（　　　　　　　　）

⑤ 右の図の色のついている部分の面積は何cm²ですか。

式

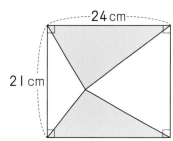

答え（　　　　　　　　）

⑥ ある三角形の底辺<sub>ていへん</sub>の長さを4倍にし，高さ<sub>たか</sub>を3倍にしたとき，この三角形の面積はもとの三角形の何倍になりますか。

式

答え（　　　　　　　　）

⑦ ある三角形の底辺の長さ，高さをそれぞれ何倍かし，三角形の面積をもとの三角形の0.5倍にしたいと思います。底辺の長さを0.75倍にしたとき，高さは何倍にすればよいですか。

式

答え（　　　　　　　　）

**！ヒント**

④ わかっている部分の長さからまず三角形の面積を求め，この三角形の底辺をAB，高さをCDと考えよう。

⑤ 長方形の中の直線が集まる1点から，長方形の辺に平行な直線をひいてみよう。

⑥，⑦ 三角形の面積は，底辺の長さにも高さにも比例<sub>ひれい</sub>するよ。

## 23 いろいろな四角形の面積

答え▶33ページ

台形とひし形のとく
ちょうを思い出して，
面積の求め方を理解し
よう！

確かめ
よう ・・・・・・・・・・・ ✦ ✦ ✦ 標準 レベル ・・・・・・・・・・・

### 例題1 台形の面積の求め方

次の台形の面積は何cm²ですか。

①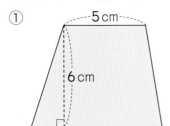

②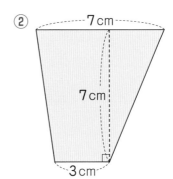

**とき方** たとえば①で，平行な2つの辺のうち，5cmの辺を上底，8cmの辺を下底といいます。上底と下底に垂直な直線の長さを高さといいます。

台形の面積＝(上底＋下底)×高さ÷2 です。

① ( [　　] + [　　] ) × [　　] ÷2＝ [　　] (cm²)
　　上底　　　下底　　　　高さ　　　　　面積

② ( [　　] + [　　] ) × [　　] ÷2＝ [　　] (cm²)
　　上底　　　下底　　　　高さ　　　　　面積

**1** 次の台形の面積は何cm²ですか。

❶

❷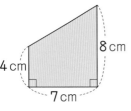

❸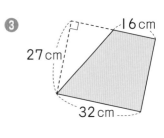

(　　　　　　　)　　(　　　　　　　)　　(　　　　　　　)

コンピュータにアルゴリズムによる指示を出すことを「プログラム」といって，コンピュータにわかる形で正確な指示を出すために，「プログラミング言語」を使うんだよ。

## 例題2　ひし形の面積の求め方

次のひし形の面積は何cm² ですか。

①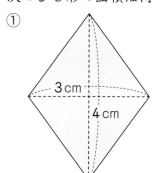

②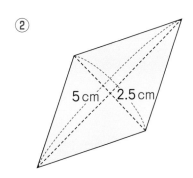

**とき方**　ひし形の面積は2本の対角線の長さを使って求めます。

ひし形の面積＝一方の対角線×もう一方の対角線÷2　です。

①　3　×　　　　÷2＝　　　　（cm²）

一方の　　もう一方の　　　面積
対角線　　対角線

🔙 **ふりかえり**
ひし形は，4つの辺の長さが等しく，対角線はおたがいのまん中の点で垂直に交わります。

②　　　　×　2.5　÷2＝　　　　（cm²）

一方の　　もう一方の　　　面積
対角線　　対角線

**2** 次のひし形の面積は何cm² ですか。

❶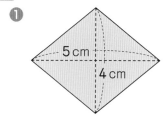

❷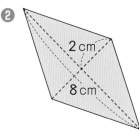

❸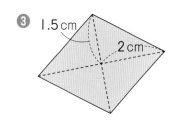

（　　　　　　　　）　　（　　　　　　　　）　　（　　　　　　　　）

## 23 いろいろな四角形の面積

深めよう ✦✦✦ ハイ レベル

これまでに学んだ色々な図形の面積の求め方をくふうして考えてみよう！

❶ 右の図のような台形があります。

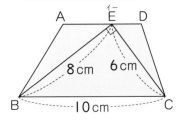

❶ 台形ABCDの高さは何cmですか。

式

答え（　　　　　　　）

❷ 台形ABCDの面積を36cm²とするとき，ADの長さは何cmですか。

式

答え（　　　　　　　）

❷ 次の図の面積は何cm²ですか。

❶

6cm
12cm
12cm
11cm
5cm

❷
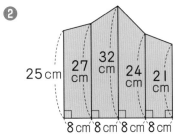
25cm
27cm
32cm
24cm
21cm
8cm 8cm 8cm 8cm

（　　　　　　　）　　　　（　　　　　　　）

❸
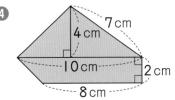
5cm 5cm
6cm
4.8cm
5cm 5cm

❹
7cm
4cm
10cm
2cm
8cm

（　　　　　　　）　　　　（　　　　　　　）

✦✦✦ **できたらスゴイ！**

❸ 右の図のような四角形ABCDがあり点Pは秒速1cmで
点Aを出発し，点Bと点Cを通り，点Dまで四角形ABCD
の周上を動きます。

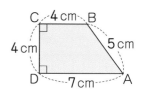

❶ 点Pが点Aから点Cまで動くとき，出発してから
の時間と三角形APDの面積との関係を表すグラフ
を右の図にかきましょう。

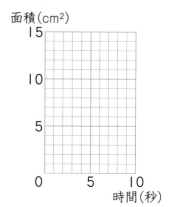

❷ 2回目に三角形APDの面積が四角形ABCDの面
積の半分になるのは，点Pが点Aを出発してから
何秒後ですか。

　　式

答え（　　　　　　　　　）

⭐❹ 右の図のように正方形ABCDと台形ADEF をあわせ
た図形があります。正方形ABCDと台形ADEFの面積
が等しいとき，辺AFの長さは何cmですか。

　　式

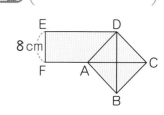

答え（　　　　　　　　　）

❗ヒント

❸ ❶ 底辺をDAと考えよう。高さは，点Pが点Aから点Bまで動くときはふえていくよ。点Pが点
Bから点Cまで動くときは変わらないよ。❷ 2回目に三角形APDの面積が四角形ABCDの半分に
なるのは，点Pが点Cと点Dの間にあるときだね。

❹ 正方形の対角線の半分の長さがEFの8cmと等しいね。正方形をひし形と考えて面積を求めよ
う。AF＋DEの長さに，正方形の対角線の長さの半分の8cmをあわせるとDEが2つ分の長さとな
るよ。また，DEの長さはAFの長さよりも8cm長いね。

## 24 割合

 確かめよう ✦✦✦ 標準 レベル

もとにする量，比べられる量，割合を，計算で求められるようになろう！

### 例題1 割合の求め方

サッカーのシュートの練習をしました。かずきさんは15回中12回ゴールに入り，けんじさんは20回中14回ゴールに入りました。かずきさんとけんじさんのどちらのほうがシュートがよく成功したといえますか。

**とき方** シュートをした回数を1とみて，ゴールに入った回数を比べます。もとにする量（シュートをした回数）を1とみたとき，比べられる量（ゴールに入った回数）がどれだけにあたるかを表す数を割合といいます。

割合＝比べられる量÷もとにする量 です。

かずきさん 12 ÷ ☐ ＝ ☐
比べられる量 もとにする量 割合

けんじさん ☐ ÷ 20 ＝ ☐
比べられる量 もとにする量 割合

**さんこう**
もとにする量の大きさがちがうとき，割合を使って比べるとよいです。

ゴールに入った割合が大きいのは ☐ さんなので，

☐ さんのほうが，シュートがよく成功したといえます。

**1** 右の表は，商品ア，商品イ，商品ウの売りねと仕入れねをまとめたものです。仕入れねをもとにする量としたとき，売りねの割合が大きい順に左からならべ，記号で答えましょう。

| 商品 | 売りね | 仕入れね |
|---|---|---|
| ア | 900円 | 720円 |
| イ | 1600円 | 1200円 |
| ウ | 2000円 | 1800円 |

**式**

答え（　　　　　　　　　）

「がい数」を漢字で書くと「概数」だよ。細かい部分は考えずに大体どうなっているかを表すときに,「概」の字を使うよ。

---

### 例題2　比べられる量ともとにする量の求め方

次の金がくはいくらですか。

① あけみさんは2000円持っています。持っているお金の0.7の割合にあたるお金を使いました。いくら使いましたか。

② しゅうたさんは持っているお金の0.4の割合にあたる600円を使いました。はじめに持っていたお金はいくらですか。

**とき方**　割合＝比べられる量÷もとにする量　より, ①比べられる量＝もとにする量×割合, ②もとにする量＝比べられる量÷割合　です。どの量がもとにする量で, どの量が比べられる量であるかを読みとりましょう。

① 求めるのは, 比べられる量です。

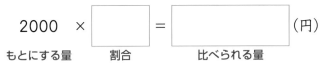

$$2000 \times \boxed{\phantom{xx}} = \boxed{\phantom{xxxx}} \text{(円)}$$

もとにする量　　　割合　　　　比べられる量

**📖さんこう**
「はじめにあった〜」や,「もともと持っていた〜」などのことばで表される量が, もとにする量であることが多いです。

② 求めるのは, もとにする量です。

$$\boxed{\phantom{xxxx}} \div \boxed{\phantom{xx}} = \boxed{\phantom{xxxx}} \text{(円)}$$

比べられる量　　　　割合　　　　もとにする量

---

**2** 4Lの牛にゅうがあります。このうち0.6の割合にあたる牛にゅうを飲んだとき, 何L飲みましたか。

式

答え（　　　　　　　　）

**3** 1200円の本を買いました。これは, 持っていたお金の0.4の割合にあたります。はじめに持っていたお金はいくらですか。

式

答え（　　　　　　　　）

## 24 割合

 ・・・★・★ ハイ レベル ・・・・・

もとにする量と比べられる量を問題から読みとって計算しよう！

1 ある野球チームは，1年間で全体の試合数の0.56の割合にあたる84試合に勝ってゆう勝しました。2位のチームは全体の0.52の割合にあたる試合に勝ちました。ただし，引き分けはなかったものとします。

❶ 2位のチームは何勝しましたか。

式

答え（　　　　　　　）

❷ 3位のチームはゆう勝したチームよりも，勝った試合の数は12試合少なかったです。3位のチームが勝った試合の数は全体の試合数のどれだけの割合ですか。

式

答え（　　　　　　　）

2 クラブA，クラブB，クラブCがあります。それぞれのクラブに入部したい人の割合と定員を右の表にまとめました。どのクラブも定員より多い人数が入部することはできません。入部し

| クラブ | 入部したい人の割合 | 定員 |
|---|---|---|
| A | 1.32 | 25人 |
| B | 1.15 | 40人 |
| C | 1.25 | 28人 |

たいクラブに入部することができない人数が多い順に左からならべ，クラブの記号で答えましょう。

式

答え（　　　　　　　）

✦✦✦ できたらスゴイ！

❸ しょう油が30Lあります。このうち，1日目は，0.15の割合にあたる量のしょう油を使いました。2日目は，1日目の残りのしょう油の0.14の割合にあたるしょう油を使いました。3日目は，2日目の残りのしょう油の0.1の割合にあたるしょう油を使いました。しょう油は何L残っていますか。

式

答え（　　　　　　　　　　　　）

❹ ある図書館では，ある年の本の数を前の年の1.02の割合にあたる数にふやします。今年この図書館にある本の数は30000さつです。2年後，この図書館にある本の数は何さつですか。

式

答え（　　　　　　　　　　　　）

❺ ある学校の今年の生徒数は，男子と女子のどちらも462人です。男子は，去年の人数より0.1の割合にあたる人数がふえ，女子は，去年の人数より0.05の割合にあたる人数がふえました。去年の全体の生徒数は何人ですか。

式

答え（　　　　　　　　　　　　）

❗ヒント

❸ 1日目の残り×割合　が2日目に使ったしょう油の量になるね。

❹ 1年でふやしたあとの本の数を，さらに次の年に同じ割合でふやそう。

❺ 去年の人数を1として考えよう。0.1の割合の人数がふえたときは，今年の人数＝去年の人数×1.1　となるよ。

## 25 百分率と歩合

確かめよう

**標準** レベル

> 割合，百分率，歩合の関係を理解して，どの表し方でも表せるようになろう！

### 例題1 百分率

姉は90個のおはじきを持っています。妹は54個のおはじきを持っています。妹の持っているおはじきの数は，姉の持っているおはじきの数の何％ですか。

**とき方** 割合を表す0.01を1パーセントといい，1％と書きます。％で表す割合を百分率といい，もとにする量(姉の持っているおはじきの数)を100％とします。

54 ÷ □ = □ ⇨ □ ％

比べられる量　もとにする量　　　割合　　　百分率

妹のおはじき　姉のおはじき
の数　　　　　の数

**たいせつ**
百分率(%)＝割合×100　0.01→1%　0.1→10%　1→100%
全体の量やもとにする量を100%と表します。

**1** 次の割合を百分率で表しましょう。

❶ 0.23　　　　　　❷ 0.015　　　　　　❸ 1.03

**2** 次の百分率を割合で表しましょう。

❶ 45%　　　　　　❷ 0.8%　　　　　　❸ 120%

**3** 広場アの面積は50m²で，広場イの面積は広場アの面積の40%です。広場イの面積は何m²ですか。

式

答え（　　　　　　　　）

$\frac{1}{100}$ を表すのは「%」だね。では，$\frac{1}{1000}$ は？「‰(パーミル)」だよ。道路や
線路の勾配(かたむいている角の大きさ)の単位として使われることが多いよ。

## 例題2　歩合

兄は500円持っていて，弟は100円持っています。弟が持っているお金は，兄
が持っているお金の何割ですか。

**とき方**　割合に10をかけて，0.1を1割と表したものを歩合といいます。全体を
10割と表し，もとにする量(兄が持っているお金)を10割とします。

100　÷　□　=　□　⇨　□　割

比べられる量　もとにする量　　　割合　　　　歩合
弟の持ってい　兄の持ってい
るお金　　　　るお金

**たいせつ**

| 割合を表す数 | 1 | 0.1 | 0.01 | 0.001 |
|---|---|---|---|---|
| 百分率 | 100% | 10% | 1% | 0.1% |
| 歩合 | 10割 | 1割 | 1分 | 1厘 |

---

**4** 次の割合を歩合で表しましょう。

❶ 0.8　　　　　　　　　❷ 0.57　　　　　　　　　❸ 0.351

---

**5** 次の百分率を歩合で表しましょう。

❶ 90%　　　　　　　　　❷ 42.5%　　　　　　　　❸ 8.3%

---

**6** オレンジジュースが350mL あります。リンゴジュースの量はオレンジジュース
の量よりも2割多いです。リンゴジュースは何mL ありますか。

　式

　　　　　　　　　　　　　　　　　　　　　　　　　　　答え (　　　　　　　　)

## 25 百分率と歩合

答え▶36ページ

深めよう

★★★ ハイ レベル

もとの量と割合(百分率, 歩合)の関係から求められる量や人数を考えよう!

**1** 次の ☐ にあてはまる数を答えましょう。**❶**, **❷**は( )の中の数で答えましょう。

**❶** 1.503 ☐ (百分率)  ☐ (歩合)

**❷** 2分3厘 ☐ (割合)  ☐ (百分率)

**❸** ☐ 人の65%は1820人

**❹** ☐ mの7割5分は240m

**2** 2時間を100%としたとき, 6分は何分にあたりますか。

式

答え( )

**3** 今年, ある池にいる魚の数は315ひきです。これは, 去年の魚の数の126%にあたります。去年, この池にいた魚は何ひきですか。

式

答え( )

**4** けんいちさんの学校では, 6名が欠席すると, 出席率が98.5%になります。生徒の人数は何人ですか。

式

答え( )

⑤ ペンキをまぜてある色をつくります。赤色のペンキを全体の28%，白色のペンキを全体の2割5分，黄色のペンキを全体の0.42の割合にあたる量まぜます。

❶ この色をつくるためには，ほかにオレンジ色のペンキをまぜなければいけません。オレンジ色のペンキは，全体の何%まぜればよいですか。

式

答え（　　　　　　　　　）

❷ 白色のペンキを30dLまぜるとき，黄色のペンキは何dLまぜますか。

式

答え（　　　　　　　　　）

❸ 赤色のペンキを35dLまぜるとき，全体でできるペンキは何dLですか。

式

答え（　　　　　　　　　）

✦✦✦ できたらスゴイ！

⑥ さとるさんの持っているお金は，はるかさんの持っているお金の9割にあたります。ゆうきさんの持っているお金は1500円で，はるかさんの持っているお金の120%にあたります。さとるさんの持っているお金はいくらですか。

式

答え（　　　　　　　　　）

⑦ ある長方形のたての長さを20%短くし，横の長さを10%短くしたところ，面積が72cm²になりました。もとの長方形の面積は何cm²ですか。

式

答え（　　　　　　　　　）

❗ヒント

⑥ ゆうきさんの持っているお金からはるかさんの持っているお金を求め，はるかさんの持っているお金からさとるさんの持っているお金を求めよう。

⑦ たての長さはもとの長方形の1−0.2，横の長さはもとの長方形の1−0.1　と表すことができるよ。

# 26 割合についての問題

答え ▶ 37ページ

代金の問題では，仕入れねと定価の関係，食塩水の問題では，食塩の量に注目しよう！

 確かめよう ・・・・・・・・・・ ✦ ✦ ✦ 標準 レベル ・・・・・・・・・・

## 例題 1 代金についての問題

ある品物を 2000 円で仕入れました。

① 定価を，仕入れねの40%の利益（りえき）をみこんでつけました。定価はいくらですか。

② この品物があまり売れなかったので，定価の20%びきで売りました。いくらで売りましたか。

**とき方** 仕入れね＋利益＝定価 です。仕入れねは，店などが品物を仕入れるときのねだんです。定価は，私たちが店などで品物を買うねだんのことです。利益が店のもうけになります。定価からねだんを安くすることが，わりびきです。

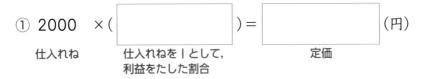

① 2000 ×( ) = (円)

仕入れね ／ 仕入れねを1として，利益をたした割合 ／ 定価

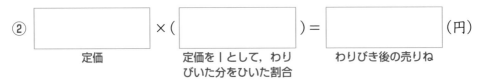

② ×( ) = (円)

定価 ／ 定価を1として，わりびいた分をひいた割合 ／ わりびき後の売りね

### 👆 たいせつ

仕入れねをもとにする量として，1と考え，利益の割合（わりあい）（10%，1割なら0.1）をたした数をかけると定価が求められます。

---

**1** 4000 円で仕入れた品物に 2割の利益をみこんで定価をつけました。定価はいくらですか。

**式**

答え ( )

$\dfrac{1}{10000}$ の単位は「‰（パーミリアド）」で「bp（ベーシスポイント）」ともいうよ！「ベーシス」は「基準（もとにする数量）」、「ポイント」は「小数点」だよ。

### 例題2　食塩水の問題

12%のこさの食塩水が500gあります。この食塩水にふくまれている食塩の量は何gですか。

**とき方**　食塩水の重さ＝食塩の重さ＋水の重さ　です。

ふくまれている食塩の重さ＝食塩水の重さ×こさ（割合）　です。こさが百分率や歩合で表されているときは，割合になおします。

500　×　□　＝　□　(g)

食塩水の重さ　こさ12%（百分率）を割合（小数）になおした数　食塩の重さ

**たいせつ**

食塩水の重さ＝食塩の重さ＋水の重さ
ふくまれる食塩の重さ＝食塩水の重さ×ふくまれる食塩の割合
食塩水のこさ(%)＝ふくまれる食塩の重さ÷食塩水の重さ×100

**2** 14%のこさの食塩水が600gあります。この食塩水にふくまれている食塩の量は何gですか。

式

答え（　　　　　）

**3** 10%のこさの食塩水が500gあります。

❶ この食塩水にふくまれている水の量は何gですか。

式

答え（　　　　　）

❷ 水が100gじょう発したとき，食塩水のこさは何%ですか。

式

答え（　　　　　）

## 26 割合についての問題

何がもとにする量で何が比べられる量になるのかを問題から読みとろう！

**1** ある同じ品物を，店アでは定価1500円の2割びき，店イでは定価1800円の25%びきで売っています。

❶ この品物は，店アと店イでそれぞれいくらで買えますか。

式

答え（　　　　　　　　　）

❷ この品物は，店アと店イのどちらで買ったほうが得といえますか。

（　　　　　　　　　）

**2** こさが16%の食塩水が600gあります。

❶ この食塩水にふくまれている食塩の量は何gですか。

式

答え（　　　　　　　　　）

❷ この食塩水に200gの水を加えました。こさは何%になりますか。

式

答え（　　　　　　　　　）

**3** あるてんらん会の入場者数を調べたところ，大人の入場者数は子どもの入場者数の65%で，大人と子どもの入場者数をあわせると297人でした。大人の入場者数は何人ですか。

式

答え（　　　　　　　　　）

☆☆☆ できたらスゴイ！

❹ 定価が2400円の品物があります。この品物には2割（わり）の利益（りえき）がふくまれています。

❶ この品物の仕入れねはいくらですか。

式

答え（　　　　　　　　　）

❷ この品物をねびきして売りました。ねびき後，この品物は100個売れて，100個分の利益は4000円でした。定価から何％ねびきしましたか。

式

答え（　　　　　　　　　）

⑤ こさが0.8％の食塩水が800gあります。

❶ この食塩水にふくまれている食塩の量は何gですか。

式

答え（　　　　　　　　　）

❷ この食塩水に水を加えて，こさが0.5％の食塩水にしました。加えた水の量は何gですか。

式

答え（　　　　　　　　　）

！ヒント

❹❷ まず，ねびき後の品物1個あたりの利益を求めよう。次にねびき後の売りねを考えよう。

⑤❷ ふくまれる食塩の重さ÷食塩水の重さ×100＝0.5　となるよ。食塩水の量を□gとして，□にあてはまる数を考えよう。

## 27 帯グラフと円グラフ

答え▶38ページ

 確かめよう ✦✦✦ ✦ ✦ 標準 レベル

帯グラフと円グラフを表からかけるようになろう！

### 例題1 帯グラフ

右の表は，好きな動物について200人に行ったアンケートの結果をまとめたものです。この結果を下のグラフに表しましょう。

**好きな動物**

```
┌─────────────────────────────────────┐
│                                     │
│                                     │
│                                     │
│                                     │
└─────────────────────────────────────┘
0  10 20 30 40 50 60 70 80 90 100%
```

好きな動物

| 動物 | 人数(人) | 百分率(%) |
|------|----------|-----------|
| 犬 | 68 | 34 |
| ねこ | 64 | 32 |
| うさぎ | 30 | 15 |
| 鳥 | 22 | 11 |
| その他 | 16 | 8 |
| 合計 | 200 | 100 |

**とき方** 全体を長方形で表し，各部分の割合を直線で区切って表したグラフを帯グラフといいます。好きな動物それぞれの百分率で区切ります。

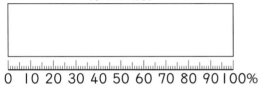

好きな動物　←何についてのグラフかを書きます。

犬　ねこ　うさぎ　鳥　その他

0  10 20 30 40 50 60 70 80 90 100%

ふつう，割合の大きい順に百分率で区切ります。

📖**さんこう**
ふつう，その他は最後にかきます。

---

**1** 右の表は，好きな色を200人に聞いた結果をまとめたものです。表のあいているところにあてはまる数を書き入れ，表の結果を下のグラフに表しましょう。

```
        (              )
┌─────────────────────────────────────┐
│                                     │
│                                     │
│                                     │
└─────────────────────────────────────┘
0  10 20 30 40 50 60 70 80 90 100%
```

好きな色

| 色 | 人数(人) | 百分率(%) |
|------|----------|-----------|
| 赤 | 76 | 38 |
| 青 | 70 | |
| 黄 | 32 | |
| 緑 | 18 | |
| その他 | 4 | |
| 合計 | 200 | 100 |

トイレットペーパーのしんにななめの線が通っているのを見かけたことがあるかな？　その線にそって切り開くと，きれいな平行四辺形をつくることができるよ。ためしてみよう！

---

**例題2** 円グラフ

左下の表は，好きなスポーツについて300人に行ったアンケートの結果をまとめたものです。この結果を右下のグラフに表しましょう。

好きなスポーツ

| スポーツ | 人数（人） | 百分率（%） |
|---|---|---|
| 野球 | 108 | 36 |
| サッカー | 102 | 34 |
| テニス | 42 | 14 |
| 陸上競技 | 27 | 9 |
| その他 | 21 | 7 |
| 合計 | 300 | 100 |

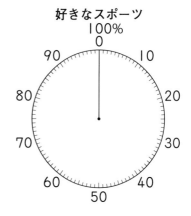

**とき方**　全体を円で表し，各部分の割合を半径で区切って表したグラフを円グラフといいます。好きなスポーツそれぞれの百分率で区切ります。

好きなスポーツ　←何についてのグラフかを書きます。

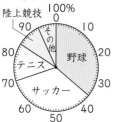

ふつう，割合の大きい順に百分率で区切ります。

**さんこう**

帯グラフも円グラフも，全体に対する各部分の割合を，見やすく表すことができます。

---

2　左下の表は，好きなくだものを400人に聞いた結果をまとめたものです。表のあいているところにあてはまる数を書き入れ，表の結果を右下のグラフに表しましょう。

好きなくだもの

| くだもの | 人数（人） | 百分率（%） |
|---|---|---|
| みかん | 152 | 38 |
| りんご | 132 | |
| もも | 96 | |
| その他 | 20 | |
| 合計 | 400 | 100 |

（　　　　　　　　）

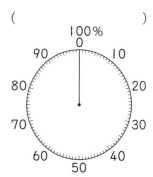

## 27 帯グラフと円グラフ

答え▶39ページ

帯グラフや円グラフが
表している割合や量を
読みとって計算で求め
られるようになろう！

**深めよう**　✦✦✦ ハイ レベル ✦✦✦

① 右の帯グラフは，ある図書館で借り
た本の種類を聞き，人数をまとめたも
のです。小学生は全部で300人，中学
生は全部で400人，高校生は全部で
200人に聞きました。

❶ 小学生で図かんを借りたのは全体
の何％で，何人ですか。

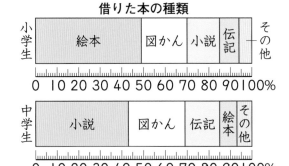

借りた本の種類

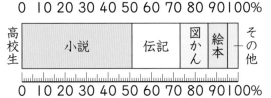

（　　　　　　　　　　　　　　）

❷ 中学生で小説を借りた人数は，中学生で伝記を借りた人数より何人多いですか。

**式**

答え（　　　　　　　　　　）

❸ 小学生，中学生，高校生で，その他を借りた生徒の人数がいちばん多いものとい
ちばん少ないものの差は何人ですか。

**式**

答え（　　　　　　　　　　）

❹ 次のア，イが正しければ○，まちがっていれば×で答えましょう。

ア　絵本を借りた人数は，小学生が高校生の10倍より多いです。

（　　　　　　　　　　）

イ　図かんを借りた人数は，中学生がいちばん多いです。

（　　　　　　　　　　）

**2** 右下の円グラフは，あるおかし工場で作っているおかしの種類と割合を表しています。左下の表は，円グラフのもとになる結果を表にまとめたものです。左下の表のあいている部分にあてはまる数を書き入れて，表を完成させましょう。

作っているおかしの種類

| おかし | 作っている量(kg) | 百分率(%) |
|---|---|---|
| チョコレート | | 33 |
| クッキー | | |
| キャンディー | | |
| ガム | | |
| ポテトチップス | | |
| その他 | | |
| 合計 | 75000 | 100 |

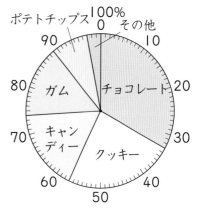

作っているおかしの種類

━━━━ ✦✦✦ できたらスゴイ！ ━━━━

**3** 右の表を全体の長さが80cmの帯グラフにすると，ベトナムのゆ出量

米の主なゆ出国とゆ出量

| タイ | アメリカ | ベトナム | パキスタン | … | 世界　計 |
|---|---|---|---|---|---|
| 402万t | 247万t | 150万t | 74万t | … | 1217万t |

を表す部分は何cmになりますか。小数第一位を四捨五入して整数で答えましょう。

**式**

答え（　　　　　　　　　）

**4** 右の円グラフは，ある年の日本のりんごの生産量を県別に表したものです。「その他」の県の生産量は16万tです。長野県の生産量は何万tですか。

**式**

りんごの生産量

答え（　　　　　　　）

**！ヒント**

**3** ベトナムのゆ出量の全体に対する割合を求めて，80cmのうちの何cmにあたるかを考えよう。

**4** まず長野県の生産量が全体の何%であるかを求めよう。

# 思考力育成問題

答え ▶ 40ページ

グラフを見て考えよう。新聞やニュースでよく出るテーマだよ。割合に注目しよう！

## ？ $CO_2$排出量を円グラフ・帯グラフで考えよう

　$CO_2$（二酸化炭素）は，空気中にふくまれる気体で，「温室効果ガス」（地球の表面をあたためる原因となる気体）とよばれます。私たちのくらしを支える電気やガスなどのエネルギーを使うときに，一定の量が※排出されます。地球の平均気温を上げることから，環境の変化をもたらすとされ，大きな問題になっています。

　次の円グラフは，電気，都市ガス，LPガス，灯油それぞれの，一世帯あたり（全国）の年間$CO_2$排出量の割合です（2020年4月から2021年3月）。このグラフを見て，あとの問題に答えましょう。グラフの中央の単位 t－$CO_2$は，$CO_2$の排出量が何tであるかを表しています。

※外に出すこと

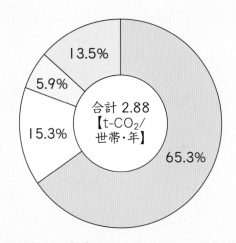

□電気　□都市ガス　□LPガス　□灯油

図　世帯あたり年間エネルギー種別$CO_2$排出量・構成比（全国）

環境省「家庭部門の$CO_2$排出実態統計調査」より

❶ 全エネルギーに対する，一世帯あたりの年間$CO_2$排出量の割合がいちばん大きいのはどのエネルギーですか。

（　　　　　　　　　　　）

120

❷ 都市ガスの一世帯あたりの年間$CO_2$排出量は何tですか。小数第三位を四捨五入して求めましょう。

（　　　　　　　）

❸ 電気とLPガスの一世帯あたりの年間$CO_2$排出量の差は何tですか。小数第三位を四捨五入して求めましょう。

（　　　　　　　）

❹ 次の帯グラフは，2020年度の世帯あたりの電気，都市ガス，LPガス，灯油の使用による年間$CO_2$排出量を，地方別にまとめたものです。

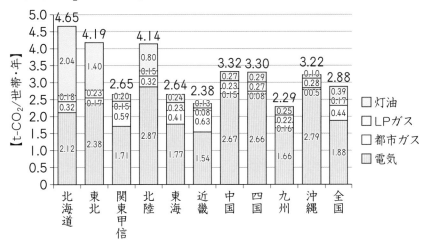

図　地方別世帯あたり年間エネルギー種別$CO_2$排出量

このグラフを見て，たかしさんは，次のように考えました。
「世帯あたりの電気の使用による年間$CO_2$排出量は，関東甲信地方，東海地方では全国より少なく，全エネルギーに対する割合も小さい。」
たかしさんの考えは正しいですか。正しくないですか。理由とともに答えましょう。

正しいか正しくないか：

理由：

⚠ヒント
　❷，❸ 円グラフの全体が何tかを読みとって，それぞれのエネルギーの割合から計算しよう。
　❹ 関東甲信地方，東海地方の排出量の，全エネルギーに対する割合を計算してみよう。

答え▶40ページ

## 28 正多角形

正多角形の**性質**を理解して，正多角形がかけるようになろう！

確かめよう ・・・・・・・ ✦ ✦ ✦ 〈標準〉レベル ・・・・・・・

### 例題1　正多角形の性質

右の図形は正多角形です。

① 右の図形は何という正多角形ですか。名前を答えましょう。

② 辺アと長さが等しい辺は，辺アをのぞいて何本ありますか。

③ 角イと大きさが等しい角は，角イをのぞいていくつありますか。

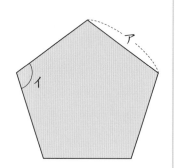

**とき方**　すべての辺の長さが等しく，すべての角の大きさも等しい多角形を正多角形といいます。頂点の数によって，正○角形とよびます（○は頂点の数）。

① 頂点が ［　　　］ 個あるので，［　　　　　　　　］です。

　　　頂点が○個　──────→　正○角形

② 正多角形のすべての辺の長さは等しいので，辺アと長さが等しい辺は，辺ア以外の ［　　　］ 本です。

③ 正多角形のすべての角の大きさは等しいので，角イと大きさが等しい角は，角イ以外の ［　　　］ つです。

---

**1** 右の図形は正多角形です。

❶ 右の図形は，何という正多角形ですか。

（　　　　　　　　　）

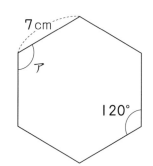

7cm

ア

120°

❷ 右の図形のまわりの長さは何cmですか。

（　　　　　　　　　）

❸ 右の図形の角アの大きさは何度ですか。

（　　　　　　　　　）

**例題2** 正多角形のかき方

右の図は，円の中心のまわりの角を直線で等分したものです。

① 右の図の直線をすべて利用して，正多角形をかきましょう。

② ①でかいた正多角形は，何という正多角形ですか。名前を答えましょう。

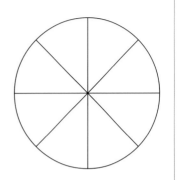

**とき方** 円の中心のまわりの角を等分して半径をかき，円と交わった点を頂点としてむすぶと，正多角形がかけます。

① 右の図のように，半径が円と交わった点をむすびます。

② 頂点が8個あるので，　　　　　　　です。

中心のまわりの角を8等分しています。

**たいせつ**
正多角形の頂点はすべて円の上にあります。

**2** 右の図は，円の中心Oのまわりの角を等分するところを，とちゅうまでかいたものです。図のつづきをかき，正五角形をかきましょう。

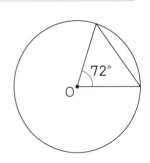

**3** 右の図は，3本の直線が交わる点のまわりの角を6等分しています。この図を使って正六角形をかきましょう。

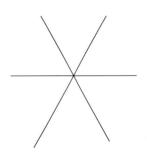

## 28 正多角形

深めよう ✦✦✦ ✦ハイ✦レベル

> 正多角形の性質や三角形の性質を使って，色々な角や面積を求めよう！

**❶ 次の問題に答えましょう。**

**❶** 正十五角形の1つの角の大きさは何度ですか。

式

答え（　　　　　　　　）

**❷** 正十八角形の1つの外角の大きさは何度ですか。

式

答え（　　　　　　　　）

**❸** すべての角の大きさの和が3240°になるのは，正何角形ですか。

式

答え（　　　　　　　　）

**❷ 右の図は正五角形に2本の対角線をかいたものです。**

**❶** 角㋐の大きさは何度ですか。

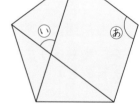

（　　　　　　　　）

**❷** 角㋑の大きさは何度ですか。

（　　　　　　　　）

**❸ 右の図は正八角形です。角㋐～㋒の大きさは何度ですか。ただし，O は点線でかいた円の中心です。**

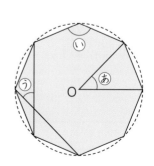

㋐（　　　　　）　㋑（　　　　　）

㋒（　　　　　）

### ✦✦✦ できたらスゴイ！

❹ 右の図の五角形ABCDEは正五角形で，三角形FCDは正三角形です。角⑧の大きさは何度ですか。

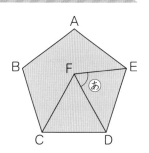

(　　　　　　　)

❺ 右の図は，正三角形と正五角形を組み合わせたものです。角⑧の大きさは何度ですか。

(　　　　　　　)

❻ 面積の差が12cm²である正六角形ABCDEFと正三角形FDGが，右の図のように重なっているとき，三角形DEFの面積は何cm²ですか。

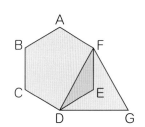

(　　　　　　　)

❼ 右の図は，正六角形の各頂点をむすんだ図です。色をつけた部分の面積の合計は，正六角形の面積の何倍ですか。

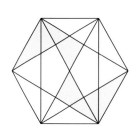

(　　　　　　　)

!ヒント

❹ 三角形DEFはDE＝DFの二等辺三角形だよ。正三角形ではないことに注意しよう。

❺ 右下の小さな三角形に注目しよう。⑧の角と向かい合う角の大きさは⑧の角の大きさと等しく，右下の角は正三角形の1つの角だね。

❻ 正六角形に色々な対角線をひくと，三角形DEFと面積が等しい三角形ができるよ。

❼ 色のついた三角形の一部を面積が等しい三角形にうつし，まとめてみよう。

「答えと考え方」を読んでおさらいしよう！　**125**

## 29 円

標準 レベル

> 直径の長さと円周の長さの関係をおぼえて, 円周の長さ, 直径や半径の長さを考えよう！

### 例題 1　円のまわりの長さ

直径の長さが8cmの円の円周の長さは何cmですか。円周率は3.14とします。

**とき方**　円のまわりの長さを円周といいます。円周＝直径×円周率　で求められます。円周率は，ふつう，3.14として計算します。

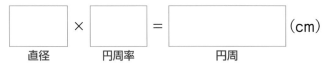

| | | |
|---|---|---|
| 直径 | 円周率 | 円周 (cm) |

👆 **たいせつ**
円周率は，円周の長さが直径の何倍かを表す数で，
円周率＝円周÷直径　です。

**1** 次の円の円周の長さは何cmですか。円周率は3.14とします。

❶ 直径の長さが5cmの円

（　　　　　　）

❷ 直径の長さが19cmの円

（　　　　　　）

❸ 右の図の円

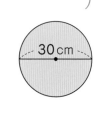

30cm

（　　　　　　）

**2** 次の円の直径の長さは何cmですか。円周率は3.14とします。

❶ 円周の長さが47.1cmの円

（　　　　　　）

❷ 円周の長さが78.5cmの円

（　　　　　　）

**例題2** 円の直径と円周の長さの関係

ある円の直径の長さを変えていき，それにともなって円周の長さがどのように変わるかを調べました。円周率は3.14とします。

① 直径の長さを□cm，円周の長さを○cmとします。□と○の関係を式に表しましょう。

② 直径の長さが，2倍，3倍，…と変わるとき，円周の長さはどのように変わりますか。

③ 円周の長さは，直径の長さに比例していますか，比例していませんか。

**とき方**　円周＝直径×円周率　で，円周率は変わらないので，直径の長さが2倍，3倍，…と変化するとき，円周の長さは2倍，3倍，…と変わります。

① 円周の長さを求める公式（円周＝直径×円周率）に□と○をあてはめます。

| 円周 | | 直径 | | 円周率 |
|---|---|---|---|---|
| | ＝ | | ×3.14 | |

② □に数をあてはめて確かめましょう。

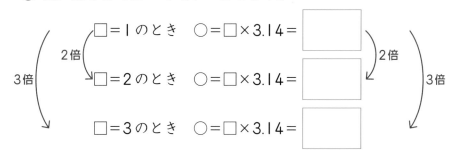

直径の長さが，2倍，3倍，…と変わるとき，それにともなって，円周の長さも，　　　　　　　　　と変わります。

③ ②から，円周の長さは，直径の長さに比例　　　　　　。

---

**3** 直径の長さが40cmの円の円周の長さは，直径の長さが8cmの円の円周の長さの何倍ですか。

**式**

**答え** （　　　　　　　　　）

答え ▶ 42ページ

## 29 円

深めよう

ハイ レベル

円周の求め方を利用して，色々な図形のまわりの長さを求めてみよう！

**1** 次の長さを求めましょう。円周率は3.14とします。

① 半径の長さが7mの円の円周の長さ

式

答え（　　　　　　　）

② 円周の長さが28.26cmの円の半径の長さ

式

答え（　　　　　　　）

**2** 次の図のまわりの長さは何cmですか。円周率は3.14とします。

①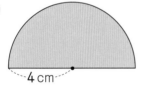

②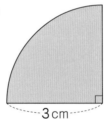

③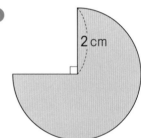

（　　　　　　　）　（　　　　　　　）　（　　　　　　　）

**3** 右の図のように3つの円があります。色をつけた部分のまわりの長さは何cmですか。円周率は3.14とします。

式

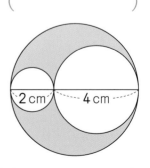

答え（　　　　　　　）

④ 右の図のように，大きい円と小さい円があります。大きい円の円周<sup>えんしゅう</sup>の長さは37.68cm，小さい円の円周の長さは12.56cmです。大きい円の半径<sup>はんけい</sup>の長さは，小さい円の半径の長さの何倍ですか。また，2つの円の半径はそれぞれ何cmですか。円周率<sup>えんしゅうりつ</sup>は3.14とします。

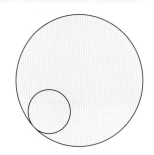

式

答え（　　　　　　　　　　　）

**★★★ できたらスゴイ！**

⑤ 次の図の色をつけた部分のまわりの長さは何cmですか。円周率は3.14とします。

❶
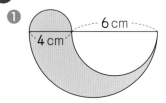
6 cm
4 cm

❷
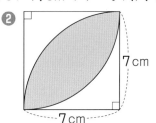
7 cm
7 cm

（　　　　　　　　）　　　　　　（　　　　　　　　）

⑥ 右の図は，半径4cmの円を3つぴったりとくっつけてならべたものです。この図形にまいた糸の長さは何cmですか。糸のむすび目の長さは考えないものとし，円周率は3.14とします。

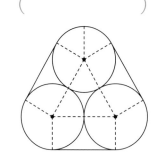

式

答え（　　　　　　　　　　）

**！ヒント**

⑤ ❶ 円を半分にした形をあわせた形であることに注目しよう。
　 ❷ 色をつけた部分のまわりの長さは，同じ長さの曲線の2つ分だね。

⑥ 糸の円にかかっている部分は，円周を3つに分けた長さの3つ分なので，半径の長さが4cmの円の円周の長さと等しくなるよ。

コンピュータを使って正多角形のかき方を考え，円に近い形の正多角形についても考えてみよう！

## ✂️ ✏️ コンピュータに正多角形（せいたかくけい）をかかせよう

コンピュータに次のような命令（めいれい）を順に表示させて，1辺の長さが8cmの正六角（せいろくかく）形（けい）をかくことができます。

命令

① まっすぐに8cm進む直線をかく。

② ①で進んだ方向に対して左に60°回る。

③ ①と②を全部で6回くり返す。

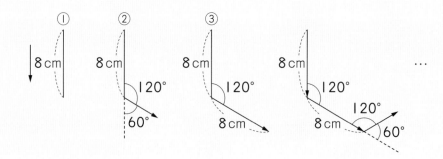

じゅんやさんは，正六角形をかいたときの命令から，コンピュータは1辺の長さが10cmの正十五角形（せいじゅうごかくけい）をかくこともできると思い，次のような命令を考えました。

命令

① まっすぐに [ ① ] cm進む直線をかく。

② ①で進んだ方向に対して左に [ ② ] °回る。

③ ①と②を全部で [ ③ ] 回くり返す。

じゅんやさんは，かかれた正六角形と正十五角形の形を見比べて，正十五角形のほうが正六角形よりも円に近いことに気づきました。

そして，正二十角形（せいにじっかくけい），正五十角形（せいごじっかくけい），正百角形（せいひゃくかくけい），…と頂点（ちょうてん）が多い正多角形ほど円に近い形になるのではないかと予想しました。

そこで，正百角形をかいてみようと考え，1辺の長さが10cmの正百角形をかく次のような命令を考えました。

命令

① まっすぐに ［ ④ ］ cm進む直線をかく。

② ①で進んだ方向に対して左に ［ ⑤ ］ °回る。

③ ①と②を全部で ［ ⑥ ］ 回くり返す。

⭐ このとき，次の問題に答えましょう。

❶ ①～③にあてはまる数を書きましょう。

　　　　①（　　　　　）②（　　　　　）③（　　　　　）

❷ ④～⑥にあてはまる数を書きましょう。

　　　　④（　　　　　）⑤（　　　　　）⑥（　　　　　）

❸ 正二百角形，正三百角形，正四百角形，…では命令の②で回る角の大きさは何度に近づいていくと考えられますか。

　　　　　　　　　　　　　　　　　　　　　（　　　　　）

❹ 命令の②の角の大きさに0をあてはめたとき，正多角形はできますか，できませんか。

　　　　　　　　　　　　　　　　　　　　　（　　　　　）

❺ じゅんやさんの「頂点が多い正多角形ほど円に近い形になる」という予想は正しいですか，正しくないですか。

　　　　　　　　　　　　　　　　　　　　　（　　　　　）

!ヒント

❶～❸ 命令②で回る角の大きさは，180°から正多角形の1つの角の大きさをひいたものだよ。この角を外角というよ。

❹ 0°回るということは，回らないということだよ。このとき正多角形をかけるかを考えよう。

角柱と円柱の性質を理解して，展開図をかけるようになろう！

確かめよう

標準 レベル

**例題1** 角柱と円柱

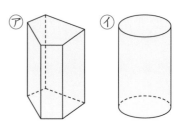

右の図のような立体⑦，⑦があります。

① 立体⑦，⑦は，それぞれ何という名前ですか。

② 立体⑦の側面は何という形で，いくつありますか。

③ 立体⑦の底面は何という形で，いくつありますか。

**とき方** 立体⑦のような，底面が多角形で側面が長方形の立体を角柱といい，底面の形によって名前がきまります。立体⑦のような，底面が円で，側面が曲面（平らでない面）である立体を円柱といいます。

① ⑦ 底面が五角形なので，

[　　　　　　　　　]です。

⑦ 底面が円なので，[　　　　]です。

② 立体⑦，⑦の各面は右の図のようになります。

立体⑦の側面の形は[　　　　　　　]で，[　　　　]つあります。

○角柱の○の数あります。

③ 右の図から，円柱の底面は上下に向かい合った[　　　　]が[　　　]つです。

角柱，円柱の底面の数は等しいです。

**たいせつ**
角柱，円柱の底面どうしは平行で，角柱の底面と側面は垂直です。

---

**1** 右の表を完成させ，❶，❷に答えましょう。

❶ 角柱の辺の数は，側面の数の何倍になっていますか。

|  | 三角柱 | 四角柱 | 五角柱 | 六角柱 | 円柱 |
|---|---|---|---|---|---|
| 側面の数 |  |  |  |  |  |
| 頂点の数 |  |  |  |  |  |
| 辺の数 |  |  |  |  |  |

（　　　　　　　）

❷ 円柱の側面は，平面ですか，曲面ですか。（　　　　　　　）

多くのドーナツに円形の穴が空いているのは，油であげるときに，中まで火が通りやすくなるようにするためだといわれているよ。穴のないドーナツもあるけれどね！

## 例題2　角柱，円柱の展開図

下の図は，右の角柱㋐と円柱㋑の展開図をとちゅうまでかいたものです。つづきをかき，展開図を完成させましょう。円周率は3.14とします。

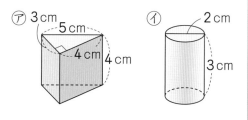

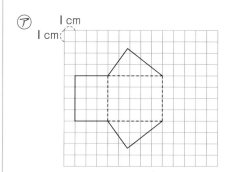

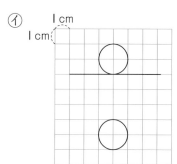

**とき方**　立体を切り開いて平面にした図を展開図といいます。円柱㋑の側面は長方形で，横の長さが底面の円の円周の長さとなります。

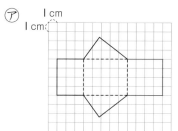

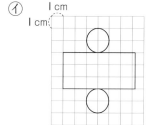

**2** 右の図は，底面の円の直径の長さが4cm，高さが5cmの円柱の展開図をとちゅうまでかいたものです。つづきをかき，展開図を完成させましょう。円周率は3.14とします。

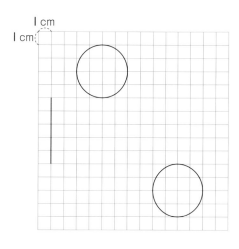

12章 立体

30 角柱と円柱

深め
よう ★★★ ハイ レベル

答え ▶ 43ページ

角柱や円柱の展開図から、色々な部分の長さや面積を求めることができるよ！

❶ 面⑦が六角形の右のような展開図を組み立てて立体をつくります。面⑦の1辺の長さはすべて4cm、四角形④のたての長さは12cmです。

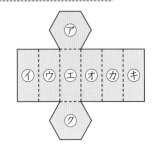

❶ 底面と側面の図形の名前をそれぞれ何といいますか。

底面（ 　　　　　　　　　　　 ）

側面（ 　　　　　　　　　　　 ）

❷ どのような立体ができますか。立体の名前を答えましょう。

（ 　　　　　　　　　　　 ）

❸ 面④と垂直になるのはどの面ですか。すべて選び、記号で答えましょう。

（ 　　　　　　　　　　　 ）

❹ 面④と平行になるのはどの面ですか。記号で答えましょう。

（ 　　　　　　　　　　　 ）

❺ 面⑦と垂直になる面はいくつありますか。

（ 　　　　　　　　　　　 ）

❻ 立体の側面の面積は何cm²ですか。
式

答え（ 　　　　　　　　　 ）

❷ 右の図は、四角柱の見取図をとちゅうまでかいたものです。つづきをかき、見取図を完成させましょう。

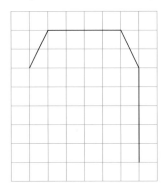

134

★★★ **できたらスゴイ！**

❸ 右の図の立体の底面の面積と側面の面積をあわせた表面全体の面積は何cm²ですか。

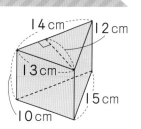

式

答え (　　　　　　　　)

❹ 右の展開図を組み立てて立体をつくります。円周率は3.14とします。

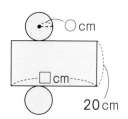

❶ □にあてはまる数が56.52のとき，○にあてはまる数はいくつですか。

式

答え (　　　　　　　　)

❷ 立体の側面の面積が879.2cm²のとき，□と○にあてはまる数はそれぞれいくつですか。

式

答え (□…　　　　　　○…　　　　　　)

❺ 右の図のように，円柱Ａとその円柱の $\frac{1}{4}$ の立体を切りとった立体Ｂがあります。円柱Ａの底面の円の面積は12.56cm²です。円柱Ａと立体Ｂの表面全体の面積は，どちらが何cm²大きいですか。円周率は3.14とします。

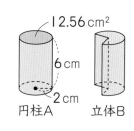

円柱A　　立体B

式

答え (　　　　　　　　　　　　)

**！ヒント**

❸ 表面全体の面積は，底面の面積2つ分の面積と側面の面積の合計だね。

❹ ❶ 半径が○cmの円の円周の長さが□cmになることから考えよう。

❷ 側面は長方形なので，面積＝たて×横　だね。まず□にあてはまる数を考えよう。

❺ 立体Bの側面の長方形の横の長さは，底面の円の一部と半径2つ分をあわせた長さだね。

③ 次の問題に答えましょう。

(1) 次の図のまわりの長さを求めましょう。ただし、円周率は3.14とします。

①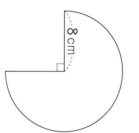

②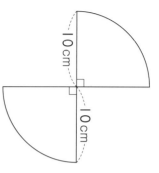

(2) 右の図は底面が正六角形の六角柱です。次の問題に答えましょう。

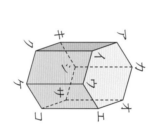

① 辺アイに平行な辺の数

② 面アイウエオカに垂直な面の数

③ 辺アキに垂直な面の数

④ 右の円グラフは、あるビルに出店している店の種類と割合を表したものです。

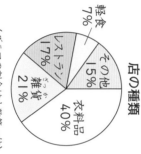

店の種類
軽食 7%
その他 15%
レストラン 17%
雑貨 21%
衣料品 40%

（グラフの割合は小数第一位を四捨五入して入れています。）

(1) 衣料品店は、「その他」にふくまれる店の何倍ありますか。

(2) このビルの店の数は、326店です。軽食の店は何店以上、何店以下であると考えられますか。

⑤ 次の問題に答えましょう。

(1) あるからの直方体の水そうに、同じ量ずつ水を入れるように水を入れる時間□分と、水の深さ○cmの関係は下のようになっています。このとき、次の問題に答えましょう。

| 水を入れる時間□(分) | 1 | 2 | ㋐ | ㋒ | 6 |
|---|---|---|---|---|---|
| 水の深さ○(cm) | 2 | 6 | ㋑ | 10 | 12 |

① □と○の関係を式に表しましょう。

② ㋐〜㋓のところに、あてはまる数を答えましょう。

③ □と○の関係を、右の図にグラフで表しましょう。

水を入れる時間と水の深さ
水の深さ ○(cm) 10 5
0 1 2 3 4 5 6 水を入れる時間 □(分)

(2) けんじさんの算数のテストの点数は、会の3教科のテストの点数の平均点より8点高いそうです。国語、理科、社会の3教科を入れた4教科のテストの平均点は、算数をのぞく3教科のテストの平均点より何点高いですか。

⑥ 次の問題に答えましょう。

(1) ある油16Lの重さをはかったところ、重さが12.8kgでした。この油は何Lで重さが100kgになりますか。

(2) みきさんが1分間に歩く歩数の平均をはかったところ、160歩でした。1歩の歩幅を約45cmとすると、みきさんが歩く速さは、秒速約何mといえますか。

《問題はうらに続きます。》

# しあげのテスト（1）

満点 **100点**

時間 **45分**

答え▶46ページ

※答えは、解答用紙の解答欄に書き入れましょう。

**1** 次の問題に答えましょう。

(1) 次の計算をしましょう。

① 145×0.54

② 1.9×2.16

③ 25.3×3.4

④ 184÷0.23

⑤ 17.6÷5.5

⑥ 40.8÷4.25

(2) 次の計算をしましょう。

① $\frac{11}{15} + \frac{3}{8}$

② $\frac{5}{12} + 1\frac{7}{9}$

③ $\frac{31}{6} - \frac{15}{8}$

④ $2\frac{1}{18} - 1\frac{34}{63}$

⑤ $3\frac{1}{5} - 1\frac{3}{10} + \frac{7}{15}$

⑥ $\frac{14}{25} - 0.24$

**2** 次の問題に答えましょう。

(1) 次の図は直方体を組み合わせた立体です。立体の体積を求めましょう。

①

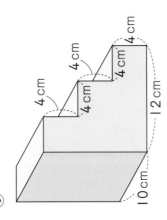

②

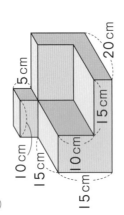

(2) 下の図について、次の問題に答えましょう。

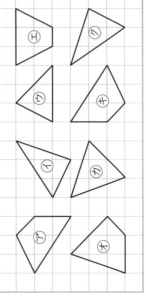

① ⑦と合同な四角形を、⑦〜⑦の中から選びましょう。

② ④と合同な三角形を、⑦〜⑦の中から選びましょう。

(3) 次の図の三角形を組み合わせた図形で、⑦と④の角度を求めましょう。

①

②

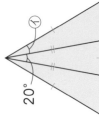

y

《出題範囲》 1…1章，6章　2…2章，4章　3…8章　4…10章　5…3章，7章　6…11章，12章

# しあげのテスト(1) 解答用紙

学習した日｜　　月　　日

名前｜

※解答用紙の右にある採点欄の□は、丸つけのときに使いましょう。

採点欄

| 大問 | 点数 | 配点 |
|---|---|---|
| 1 | ／24 | 1つ2点 |
| 2 | ／18 | 1つ3点 |
| 3 | ／20 | 1つ4点 |
| 4 | ／8 | 1つ4点 |
| 5 | ／20 | 1つ5点 |
| 6 | ／10 | 1つ5点 |
| 得点 | ／100 | |

**1**
(1) ① ② ③
④ ⑤ ⑥
(2) ① ② ③
④ ⑤ ⑥

**2**
(1) ① ②
(2) ① ②
(3) ① ②

**3**
(1) ① ②
(2) ① ② ③

**4**
(1)
(2)

**5**
(1) ① ② ㋐ ㋑ ㋒ ㋓
③
(2)

水を入れる時間と水の深さ
○(cm)
水の深さ 10 5
0 1 2 3 4 5 6 □(分)
水を入れる時間

**6**
(1)
(2)

③ 右の図は、ある立体の展開図です。次の問題に答えましょう。

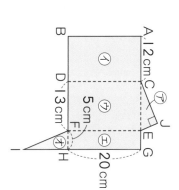

(1) 組み立てたときにできる立体の名前を答えましょう。

(2) できた立体で、面①と垂直になるのはどの面ですか。すべて選び、記号で答えましょう。

(3) できた立体の側面の面積は何cm²ですか。

④ たての長さが15cm、横の長さが21cmの長方形の板をすきまなくしきつめて、できるだけ小さな正方形をつくります。次の問題に答えましょう。

(1) 正方形の1辺の長さは何cmになりますか。

(2) 板は全部で何まい必要ですか。

⑤ 右の円グラフは、ある学校の図書室の本の種類とさっ数の割合を表したものです。文学の本は1900さつあります。また、円グラフの⑦に入る本の種類は自然科学と社会科学です。次の問題に答えましょう。

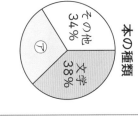

本の種類
その他 34%
文学 38%
⑦

(1) この図書室には、本は全部で何さつありますか。

(2) 自然科学の本は、⑦の割合の0.65です。自然科学の本は何さつありますか。

⑥ 次の問題に答えましょう。

(1) 次の①〜⑤の中から、比例の関係にあるものをすべて選び、番号で答えましょう。
① 900円持っているとき、使ったお金と残りのお金
② 一定の時間において、進む道のりと速さ
③ 円の直径と円周
④ ある人の身長と体重
⑤ 立方体の1辺の長さと体積

(2) たて10cm、横8cm、高さ12cmの直方体の形をしたふたのない容器があります。この中に1辺が2cmの立方体をしたさいころをすきまなくいっぱいにすると、何個のさいころを入れることができますか。

(3) みかんを120個と、バナナ72本を、なるべく多くの子どもに、同じ数ずつあまりがないように分けようと思います。何人に分けられますか。

(4) たろうさんは、あるテストで国語が72点、算数が83点、理科が64点でした。これに社会を加えた4教科の平均点が74点であったとすると、社会は何点でしたか。

(5) 5分間に400m歩く人は、10km歩くのに何時間何分かかりますか。

(6) ある中学校では、男子生徒の割合が全体の60%で、女子生徒の30%にあたる45人が自転車通学をしています。この中学校全体の生徒数は何人ですか。

# しあげのテスト（②）

満点 **100点**

時間 **45分**

答え▶47ページ

※答えは、解答用紙の解答欄に書き入れましょう。

**1** 次の問題に答えましょう。

(1) 次の計算をしましょう。⑤⑥は、商は一の位まで求めて、あまりも出しましょう。

① 38×2.15

② 0.26×7.3

③ 81.5×0.06

④ 294÷0.42

⑤ 22.1÷2.7

⑥ 3.64÷0.65

(2) 次の計算をしましょう。

① $\dfrac{7}{12} + \dfrac{2}{5}$

② $1\dfrac{5}{14} + \dfrac{10}{21}$

③ $\dfrac{29}{18} - \dfrac{11}{12}$

④ $3\dfrac{2}{45} - 2\dfrac{23}{30}$

⑤ $\dfrac{3}{4} + \dfrac{1}{8} - \dfrac{1}{6}$

⑥ $0.8 + \dfrac{5}{9}$

**2** 次の問題に答えましょう。

(1) ①は、1組の三角定規を組み合わせた図形です。②は、同じ印の角度は等しいものとします。⑦～⑦の角度を求めましょう。

①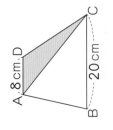

②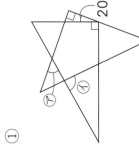

(2) 右の図の色をぬった部分の面積が48cm²のとき、台形ABCDの面積を求めましょう。

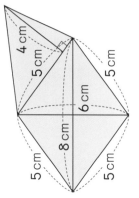

(3) 右の図の面積を求めましょう。

(4) 右の図は正九角形です。角⑦、①の大きさは何度ですか。ただし、○は円の中心です。

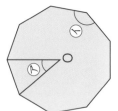

算数 5年 オモテ⑤

# しあげのテスト(2) 解答用紙

※解答用紙の右にある採点欄の□は、丸つけのときに使いましょう。

学習した日 | 月 日

名前 |

算数 5年 オモテ①

**採点欄**

| 大問 | 得点 | 配点 |
|---|---|---|
| ① | /24 | 1つ2点 |
| ② | /21 | 1つ3点 |
| ③ | /9 | 1つ3点 |
| ④ | /8 | 1つ4点 |
| ⑤ | /8 | 1つ4点 |
| ⑥ | /30 | 1つ5点 |
| 得点 | /100 | |

① (1) ① ② ③ (2) ④ ⑤ ⑥

② (1) ① ⑦ ① ② (2) (3) (4) ⑦

③ (1) (2) (3)

④ (1) (2)

⑤ (1) (2)

⑥ (1) (2) (3) (4) (5) (6)

# トクとトクイになる！

## 小学ハイレベルワーク

### 算数 5 年

## 答えと考え方

「答えと考え方」は，とりはずすことができます。

「WEBでもっと解説」はこちらです。

## 1章 小数のかけ算とわり算

**標準レベル+**　　　4〜5ページ

**例題1**　①18.6，186
　　　　②3.57，0.357，0.0357

**1** ❶452　　❷724　　❸352

**2** 10倍…0.17　　　100倍…1.7
　　1000倍…17

**3** ❶1.81　　❷0.127　　❸0.04127

**4** ❶$\frac{1}{100}$　　❷$\frac{1}{10}$　　❸$\frac{1}{1000}$

**例題2**　32，1920，192

**5** ❶36　　❷96　　❸108
　　❹91　　❺165　　❻193.2
　　❼83.3　　❽321.3　　❾365.4

**6** 式 1.1m　70×1.1=77
　　　0.8m　70×0.8=56

答え　0.8m

### 考え方

**1 2** 小数を10倍，100倍，1000倍すると，位が1けたずつ上がり，小数点の位置は右に1けたずつうつります。

**3 4** 整数や小数を，$\frac{1}{10}$（÷10），$\frac{1}{100}$（÷100），$\frac{1}{1000}$（÷1000）にすると，位は1けたずつ下がり，小数点の位置は左に1けたずつうつります。

**5** かける数を10倍して整数になおして，整数×整数の計算をします。その積を10でわります。

**6** 1mのねだん×買った長さ=代金　です。
かけられる数に，1より小さい数をかけると，積はもとの数よりも小さくなります。

**ハイレベル++**　　　6〜7ページ

**1** ❶1002　　❷23104
　　❸0.1237　　❹1

**2** 式 18.5÷10÷10=0.185

答え　0.185L

**3** 式 おはじき　7.55×100=755

　　ボール　74.8×10=748
　　755−748=7

答え　おはじき100個が7g重い

**4** 式 8300÷100=83

答え　83日

**5** ❶41.6　　❷0.416

**6** ❶243　　❷351　　❸999
　　❹372　　❺1296

**7** ❶30.568　　❷8.6503

**8** 式 72×4.25=306　306g=0.306kg

答え　0.306kg

### 考え方

**1** 3つの数のかけ算やわり算では，左から順に，2つずつ計算していきましょう。

**2** 同じ量ずつ分けるのでわり算をします。さらに，1人分を10個の同じ量に分けるので，10でわります。

**3** おはじき100個の重さとボール10個の重さをそれぞれ求めて重さを比べます。
1個の重さ×個数=全部の重さ　のかけ算をします。おはじき100個の重さのほうが重いので，おはじき100個の重さからボール10個の重さをひきます。

**4** 米全部の重さ÷1日に食べる重さ=米がなくなるまでの日数　です。

**5** 325×128の積がわかっているので，問題の式を，325と128を使った形で表します。
❶ 32.5×100×1.28÷100
　=325÷10×100×128÷100÷100
　=325×10×128÷10000
　=325×128×10÷10000
　=41600×10÷10000
　=41.6
❷ 3.25×10×12.8÷1000
　=325÷100×10×128÷10÷1000
　=325÷10×128÷10000
　=325×128÷10÷10000
　=41600÷10÷10000
　=0.416

**6** かける数に10や100をかけて整数になおしてかけ算をし，積を10や100でわります。

2

❶
$$\begin{array}{r} 18 \\ \times\ 135 \\ \hline 90 \\ 54\phantom{0} \\ 18\phantom{00} \\ \hline 2430 \end{array}$$
10でわる

❷
$$\begin{array}{r} 260 \\ \times\ 135 \\ \hline 1300 \\ 780\phantom{0} \\ 260\phantom{00} \\ \hline 35100 \end{array}$$
100でわる

❸
$$\begin{array}{r} 45 \\ \times\ 222 \\ \hline 90 \\ 90\phantom{0} \\ 90\phantom{00} \\ \hline 9990 \end{array}$$
10でわる

❹
$$\begin{array}{r} 1550 \\ \times\ 24 \\ \hline 6200 \\ 3100\phantom{0} \\ \hline 37200 \end{array}$$
100でわる

❺
$$\begin{array}{r} 720 \\ \times\ 15 \\ \hline 3600 \\ 720\phantom{0} \\ \hline 10800 \end{array}$$
10でわる

$$\begin{array}{r} 1080 \\ \times\ 12 \\ \hline 2160 \\ 1080\phantom{0} \\ \hline 12960 \end{array}$$
10でわる

**❼** ❶ まず，いちばん大きい位の数に注目すると，小さい数にするほど小さい数となるのでいちばん小さい数にします。いちばん大きい位の数に0は使えないので，3です。残りの数を小さい順に左からならべていけばいちばん小さい小数が作れます。

❷ いちばん大きい位の数に注目すると，大きい数にするほど大きい数となるのでいちばん大きい数にします。いちばん大きい位の数は8です。いちばん小さい位の数を0にすると，小数第三位までの小数になってしまうので，使えません。いちばん小さい位の数は3です。残りの数を大きい順に左からならべていけばいちばん大きい小数が作れます。

**❽** 1mの重さ×長さ＝全部の重さ です。長さの単位がmなので，425cm＝4.25mとして計算します。積の単位はgなので，kgになおすことをわすれないようにしましょう。306g＝0.306kg です。

---

**標準レベル+**　　　　　8～9ページ

| 例題1 | 1384, 692, 8.304 |
|---|---|

**1** ❶63.24　❷17.537　❸33.18　❹1.764　❺388.22　❻9.0761

**2** ❶104.16　❷1.258　❸95.5

| 例題2 | 35.04, 144, 336, 35.04 |
|---|---|

答え 35.04

---

**3** 式 4.5×4.5＝20.25

答え 20.25cm²

**4** 式 3.8×10.5＝39.9

答え 39.9m²

**5** ⑦, ⑨

**考え方**

**1** 積の小数点の位置に注意しましょう。

**2** ❸ 積に小数点をうったあとで，小数第二位の0を消しましょう。

❶
$$\begin{array}{r} 16.8 \\ \times\ 6.2 \\ \hline 336 \\ 1008\phantom{0} \\ \hline 104.16 \end{array}$$

❷
$$\begin{array}{r} 0.74 \\ \times\ 1.7 \\ \hline 518 \\ 74\phantom{0} \\ \hline 1.258 \end{array}$$

❸
$$\begin{array}{r} 38.2 \\ \times\ 2.5 \\ \hline 1910 \\ 764\phantom{0} \\ \hline 95.50 \end{array}$$

**3** 正方形の面積＝1辺×1辺 です。

**4** 長方形の面積＝たての長さ×横の長さ です。

**5** かける数が1より大きいとき，積は12よりも大きくなります。かけられる数が12の何倍または何分の一かを考えます。たとえば，かけられる数が12の10倍のとき，かける数が1の10分の一より大きければ，積は12より大きくなります。
⑦ 12.024　④ 11.988　⑨ 1.464　④ 14.4012 になります。

---

**ハイレベル++**　　　　　10～11ページ

**1** ❶18.2　❷3.071　❸6.208　❹3.1　❺0.312　❻6.192

**2** 式 1.8×5.6×4＝40.32

答え 40.32kg

**3** 式 2.75×5.2＋0.4＝14.7

答え 14.7kg

**4** 式 青のリボンの長さ　0.8×1.4＝1.12
　　白のリボンの長さ　1.12×2.5＝2.8
　　(0.8＋1.12＋2.8)×2＝9.44

答え 9.44m

**5** ❶1.999　❷2.769　❸99.5　❹27

**6** 式 (2.4×5.6)＋(0.8×1.6)＝14.72
　　または，
　　(2.4×5.6)＋(1.6×1.6)－(0.8×1.6)
　　＝14.72

3

**答え** 14.72cm²

**7** **①式** 11.2×8.5＝95.2
11.2×(22.4−8.5)＝155.68

**答え** 走ったきょり 95.2km
残りのガソリンを使って走ることがで
きるきょり 155.68km

**②式** 自動車A 11.2×3.5＝39.2
自動車B 12.1×3.2＝38.72
39.2−38.72＝0.48

**答え** (自動車)A(が)0.48(km多い)

## 考え方

**①** **④**
```
   1 2.4
 ×0.25
   6 2 0
 2 4 8
 3.1 0 0
```
**⑤**
```
   0.08
 ×  3.9
     7 2
   2 4
 0.3 1 2
```
**⑥**
```
   7 7.4
 ×0.08
 6.1 9 2
```

**②** 1mの重さ×長さ＝全部の重さ から，5.6mの
重さを求めます。この重さのぼう4本分の重さ
は，1本分の重さに4をかけて求めます。

**③** 1mの重さ×長さ＝全部の重さ から，5.2mの
ロープの重さを求めます。箱の重さ400g
＝0.4kgをたした重さが全体の重さになります。

**④** 赤のリボンの長さをもとにして，青のリボンの
長さを求めます。青のリボンの長さをもとにし
て，白のリボンの長さを求めます。リボンはそれ
ぞれ2本ずつあるので，それぞれの色のリボンの
長さを2倍して，それらを合計してもよいです。
その場合，
赤のリボン 0.8×2＝1.6
青のリボン 1.12×2＝2.24
白のリボン 2.8×2＝5.6
1.6＋2.24＋5.6＝9.44(m) となります。

**⑤** かけて0.01，0.1や1，10や100になる数の組
み合わせを見つけると計算がかんたんになります。
**①** 0.04×19.99×2.5
　＝0.04×2.5×19.99
　＝0.1×19.99
　＝1.999
**②** 0.2×276.9×0.05
　＝0.2×0.05×276.9
　＝0.01×276.9
　＝2.769

**③** △×○＋□×○＝(△＋□)×○ を使いま
す。
13.8×0.995＋86.2×0.995
＝(13.8＋86.2)×0.995
＝100×0.995
＝99.5

**④** △×○−□×○＝(△−□)×○ を使いま
す。
52.34×2.7−42.34×2.7
＝(52.34−42.34)×2.7
＝10×2.7
＝27

**6** 右の図のように，色を
つけたたて0.8cm，横
1.6cmの長方形を切り
とって，へこんでいる部
分をうめると，計算がか
んたんになります。

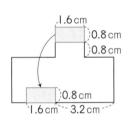

**7** **①** 1Lで走るきょり×ガソリンのかさ＝走った
きょり です。残りのガソリンのかさは，は
じめに入れた22.4Lと使った8.5Lの差にな
ります。

**②** 自動車Ａと自動車Ｂそれぞれについて走っ
たきょりを考えます。自動車Ａのほうが走っ
たきょりが多いので，自動車Ａが，それぞれ
の走ったきょりの差の分だけ多いです。

### 標準レベル＋ 12～13ページ

**例題1** 7000, 35, 200, 200

**1** **①**400 **②**800 **③**400
**④**135 **⑤**172 **⑥**350

**2** **式** 703÷3.8＝185

**答え** 185円

**例題2** 1100, 1100, 900, 900

**答え** 0.9

**3** **式** 630÷1.05＝600
630÷0.9＝700

**答え** 9dLの代金が630円の調味料

**4** ⑦, ⑨, ⑩

## 考え方

**1** **❶❷❹** わられる数とわる数をどちらも10倍して，整数÷整数のわり算をします。
**❸❺❻** わられる数とわる数をどちらも100倍して，整数÷整数のわり算をします。

**2** 代金÷買った長さ＝1mのねだん です。

**3** わる数が1より小さいとき，商はわられる数よりも大きくなります。1.05Lは1Lよりも大きく，9dL＝0.9Lなので1Lよりも小さいです。

**4** わる数が1より小さいとき，商はわられる数よりも大きくなります。㋑では，わられる数とわる数を10分の1にして，わられる数を15として考えます。㋺では，わられる数とわる数を100分の1にして，わられる数を15として考えます。

---

## ハイレベル++　14〜15ページ

**❶** **❶**400　　**❷**460　　**❸**96

**❷** 式 492÷1.64÷10=30

**答え** 30g

**❸** 式 ぼうA 729÷2.7=270
ぼうB 2240÷8.96=250
270−250=20

**答え** 金ぞくのぼうAが20g重い

**❹** 式 赤のひご 216÷2.7=80
青のひご 216÷1.35=160
160÷80=2

**答え** 青のひご(1mの重さ)は赤のひご(1mの重さ)の2倍

**❺** 0.99

**❻** **❶**200　　**❷**160

**❼** 式 87.3−2.3=85　85÷2.5=34

**答え** 34

**❽** 式 2.4×25=60　114−60=54
54÷3.6=15

**答え** 15個

**❾** 式 1.2×(25−1)=28.8
28.8÷0.8+1=37　37−25=12

**答え** 12本

---

## 考え方

**❶** **❶❸** わられる数とわる数をどちらも100倍し

（右段へ続く）

てわり算をします。
**❷** わられる数とわる数をどちらも10倍してわり算をします。

**❷** 全部の重さ÷長さ＝1mの重さ です。1m＝100cmなので，10cmの重さは1mの重さを10でわります。

**❸** 重さ÷長さ＝1mの重さ です。金ぞくのぼうＡと金ぞくのぼうＢそれぞれについて，1mの重さを求めて比べます。金ぞくのぼうＡ1mのほうが重いです。

**❹** 重さ÷長さ＝1mの重さ です。赤のひごと青のひごそれぞれについて，1mの重さを求めて比べます。単位に注意しましょう。
赤のひご 270cm=2.7m　青のひご 135cm=1.35m です。

**❺** わる数が1より小さいとき，商はわられる数よりも大きくなります。わる数は1より小さい数のうち，いちばん大きい小数第二位までの数なので，0.99です。

**❻** **❶** わられる数とわる数をどちらも1000倍してわり算をします。
175000÷875=200 です。
**❷** わられる数とわる数をどちらも10000倍してわり算をします。
20000÷125=160 です。

**❼** ある数を□とすると，
□×2.5+2.3=87.3 です。
□×2.5=87.3−2.3=85
□=85÷2.5=34

**❽** ビー玉全部の重さを求めて，114gからひくと，おはじき全部の重さとなります。
ビー玉全部の重さ 2.4×25=60(g)
おはじき全部の重さ 114−60=54(g)
おはじき1個の重さが3.6gなので，
おはじき全部の重さ÷3.6=おはじきの個数
54÷3.6=15(個) です。

**❾** まず，道路のはしからはしまでのきょりを求めます。
(さくらの木と木の間のきょり)×(木と木の間の数) で求められます。このとき，木と木の間の数は，はしからはしまで木を植えたときの木の数よ

5

り1少ないことに注意しましょう。木と木の間の数＝植えるさくらの木の本数－1　です。道路のはしからはしまでのきょりは28.8mとなり，ここに0.8mごとにさくらの木を植えることになります。道路のはしからはしまでのきょり÷0.8　で，木と木の間の数が求められます。植えるさくらの木の本数は，求めた木と木の間の数よりも1多いことに注意しましょう。

## 標準 レベル＋　　　　16～17ページ

例題1　①2，8，32，128，128
　②1，25，1.3
1　❶5.5　　　　　　　❷12.5
　❸4あまり2.1
例題2　①2.5　　　　　答え　2.5
　②0.4　　　　　　　　答え　0.4
2　式　白のリボン　7.2÷3.6＝2
　　　赤のリボン　4.32÷3.6＝1.2
　答え　白のリボン　2倍　　赤のリボン　1.2倍
3　式　オレンジジュース　1.35÷1.5＝0.9
　　　レモンジュース　2.7÷1.5＝1.8
　　　答え　オレンジジュース　0.9倍
　　　　　　レモンジュース　1.8倍

### 考え方

1　❶
$$\begin{array}{r} 5.5 \\ 4.2\overline{)23.1} \\ 210 \\ \hline 210 \\ 210 \\ \hline 0 \end{array}$$
　❷
$$\begin{array}{r} 12.5 \\ 1.8\overline{)22.5} \\ 18 \\ \hline 45 \\ 36 \\ \hline 90 \\ 90 \\ \hline 0 \end{array}$$

❸
$$\begin{array}{r} 4 \\ 8.2\overline{)34.9} \\ 32.8 \\ \hline 2.1 \end{array}$$

2　青のリボンの長さをもとにするので，
　白のリボンの長さ÷青のリボンの長さ
　赤のリボンの長さ÷青のリボンの長さ
　を，それぞれ求めます。
3　りんごジュースの何倍のかさであるかを求めるので，りんごジュースのかさをもとにします。
　オレンジジュースのかさ÷りんごジュースのかさ

レモンジュースのかさ÷りんごジュースのかさを，それぞれ求めます。

## ハイ レベル＋＋　　　　18～19ページ

1　❶72　　　　❷7.2　　　　❸9.4
2　❶3.1あまり0.24　　❷3.3あまり0.09
　❸7.9あまり0.004
3　式　40.7÷0.27＝150あまり0.2
　　　150＋1＝151
　　　　　　　　　　　答え　151本
4　式　$73.5÷9.6=7.\overset{7}{65}\cdots$
　　　　　　　　　　　答え　7.7m
5　式　76.2÷1.2＝63.5
　　　　　　　　　　　答え　63.5kg
6　❶40　　　　❷1000
　❸2.5　　　　❹70
7　式　4.6×9＝41.4
　　　51.66－41.4＝10.26
　　　10.26÷(11.7－9)＝3.8
　　　　　　　　　　　答え　3.8g
8　式　8.4÷0.2＝42
　　　8.4÷0.3＝28
　　　　　　答え　①　29　　②　41
9　式　2500÷1.25÷3.2＝625
　　　　　　　　　　　答え　625円

### 考え方

1　❶　わられる数とわる数をどちらも100倍して，648÷9のわり算をします。
　❷　わられる数とわる数をどちらも10倍して，655.2÷91のわり算をします。
　❸　わられる数とわる数をどちらも100倍して，197.4÷21のわり算をします。
2　❶
$$\begin{array}{r} 3.1 \\ 2.6\overline{)8.3} \\ 78 \\ \hline 50 \\ 26 \\ \hline 0.24 \end{array}$$
　❷
$$\begin{array}{r} 3.3 \\ 1.5\overline{)5.04} \\ 45 \\ \hline 54 \\ 45 \\ \hline 0.09 \end{array}$$
　❸
$$\begin{array}{r} 7.9 \\ 0.24\overline{)1.90} \\ 168 \\ \hline 220 \\ 216 \\ \hline 0.004 \end{array}$$

3　牛にゅうを同じかさずつ分けるのでわり算をします。びんの本数は整数なので，わりきれないときは商は一の位まで求めてあまりも出します。あ

まりの小数の分を入れるびんがもう1本必要なことに注意しましょう。

④ 長方形の面積＝たての長さ×横の長さ　なので，横の長さ＝長方形の面積÷たての長さ　です。答えは，上から2けたのがい数で求めるので，商は上から3けた目まで求めて四捨五入します。

⑤ 前回はかったときの体重をもとにすると，前回はかったときの体重×1.2＝現在の体重　です。前回はかったときの体重＝現在の体重÷1.2で求められます。

⑥ ❶ 0.8÷0.1÷0.2
　　＝8÷1÷0.2＝8÷0.2＝80÷2＝40

　❷ 2÷0.1÷0.02
　　＝20÷1÷0.02＝20÷0.02
　　＝2000÷2＝1000

　❸ かっこの中を先に計算します。
　　12.5÷(0.2÷0.04)
　　＝12.5÷(20÷4)＝12.5÷5
　　＝2.5

　❹ 16.8÷(0.8×0.3)
　　＝16.8÷(8×3÷100)＝16.8÷0.24
　　＝1680÷24＝70

⑦ まず赤のひも9mの重さを求めます。赤のひもと白のひもの重さの合計は51.66gなので，51.66－赤のひも9mの重さ＝白のひもの重さ　です。白のひもの長さは11.7m－9m＝2.7(m)なので，白のひもの重さ÷2.7＝白のひも1mの重さ　です。

⑧ ある整数を□とすると，8.4÷□　で，商が0.2であまりが出るので，□は，8.4÷0.2＝42　より，42よりも小さい整数です。8.4÷□　の商に0.3は立たないので，□は，8.4÷0.3＝28　より，28よりも大きい整数です。28よりも大きい整数でいちばん小さい整数は29，42よりも小さい整数でいちばん大きい整数は41なので，□は29以上41以下となります。

⑨ ざっしのねだんをもとにすると，
ざっしのねだん×3.2＝小説のねだん
小説のねだんをもとにすると，
小説のねだん×1.25＝図かんのねだん(2500円)
です。まとめると，

ざっしのねだん×3.2×1.25＝2500　なので，
ざっしのねだん＝2500÷1.25÷3.2　です。
2500÷1.25÷3.2
＝250000÷125÷3.2＝2000÷3.2
＝20000÷32＝625

### 💡 思考力育成問題　20〜21ページ

❶ ①7　　　　　　　　②6
　③イ＋キ　　　　　　④オ

❷ ア　2　　イ　4　　ウ　1　　エ　5
　オ　2　　カ　0　　キ　7　　ク　0
　ケ　2　　コ　3　　サ　1　　シ　1
　ス　5

❸ ⑤100　　　　　　　⑥10
　⑦1000　　　　　　　⑧3

❹ 3(と)1(の間)

**考え方**

❶ ① 整数と整数の筆算と同じように，かけられる数にかける数のいちばん小さい位の数をかけます。
　② ①の次に，かけられる数にかける数の2ばん目に小さい位の数をかけます。
　③ 手順④のウ＋クの次なのでイ＋キを計算します。
　④ 手順⑥のア＋カでくり上がった数をオにたします。

❷ アイウエは345×7の結果なので，順に2，4，1，5です。オカキクは345×6の結果なので，順に2，0，7，0です。ケコサシスは，筆算でアイウエとオカキクをたした結果なので，順に2，3，1，1，5です。

❸ ⑤⑥ 3.45を345，6.7を67と，小数を整数になおしているので，3.45を100倍，6.7を10倍しています。小数を10倍すると小数点は右に1つ，100倍すると右に2つうつります。
　⑦⑧ 100×10＝1000　で，3.45と6.7をどちらも整数になおしたときに，合計で1000倍しています。小数を1000倍すると小数点は右に3つうつります。345×67の答えは，3.45×6.7の答えから小数点が右に3つうつっているので，左に3つもどしてコとサの間に小数点をうちます。

7

④ 0.345に1000をかけて，整数になおし，345×67のかけ算をすると，結果は23115です。1000をかけて小数点を右に3つうつしたので，答えの小数点を左に3つうつします。0.345×67＝23.115です。

**2章** 直方体や立方体の体積

 **標準**レベル＋    22～23ページ

例題1 ①4，5，3，60    答え 60
②8，8，8，512    答え 512
1 ❶910cm³    ❷1728cm³
2 式 （例）20×14×6＋20×30×12＝8880
    答え 8880cm³

例題2 2，4，3，24，24000
3 ❶80000L    ❷8000000cm³
4 式 2L＝2000cm³
    水の深さを□cmとします。
    10×20×□＝2000
    □＝2000÷10÷20＝10
    答え 10cm

**考え方**
1 ❶ たて×横×高さ＝10×13×7＝910
  ❷ 1辺×1辺×1辺＝12×12×12＝1728
2 図の立体をいくつかの直方体に分けてそれぞれの体積を求めてあわせます。直方体に分ける分け方はいろいろありますが，ここでは，立体の左上の部分を切り，たて20cm，横14cm，高さ6cmの直方体と，たて20cm，横30cm，高さ12cmの2つの直方体の体積を求めてあわせています。
右の上の図のように，たてに2つの直方体に分ける求め方や，右の下の図のように，大きな直方体から右上の小さな直方体をのぞく求め方もあります。

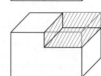

3 単位に注意しましょう。
  ❶ 5×8×2＝80（m³）
    1m³＝1000L だから，80m³＝80000L

❷ 2×2×2＝8（m³）
    1m³＝1000000cm³
    だから，8m³＝8000000cm³
4 先に2Lを2000cm³になおすと計算がしやすくなります。水の深さは入っている水の高さと考えましょう。

**ハイ**レベル＋＋    24～25ページ

1 ❶0.02，20    ❷1300000，1.3
  ❸15.78，0.01578
2 式 12×12×12＝1728   2×2×2＝8
    1728÷8＝216
    または，12÷2＝6   6×6×6＝216
    答え 216個
3 式 （例）8×8×8－5×6×8＝272
    答え 272cm³
4 式 17＋12－6＝23
    （13×23×5）＋（6×17×5）＝2005
    答え 2005cm³
5 ❶式 15×10×8.5＝1275
    答え 1275m³
  ❷式 水の深さを□mとします。
    15×10×□＝7500   7500L＝7.5m³
    □＝7.5÷150＝0.05
    答え 0.05m
6 式 （例）5×2×2＋3×2×2＝32
    5×6×2＝60    5×7×1＝35
    32＋60＋35＝127
    答え 127cm³
7 式 486÷6＝81   81＝9×9
    9×9×9＝729   729m³＝729000000cm³
    答え 729000000cm³

**考え方**
1 単位の関係はしっかりおぼえましょう。
  1m³＝1000000cm³
  1L＝1000cm³
  1mL＝1cm³
  1m³＝1000L＝1kL
  ❶ 1m³＝1000000cm³ だから，
    20000cm³＝0.02m³

$1m^3 = 1000L$　だから，$0.02m^3 = 20L$

❷ $1kL = 1000L = 1000000cm^3$　だから，

$1.3kL = 1300000cm^3$

$1m^3 = 1000000cm^3$　だから，

$1300000cm^3 = 1.3m^3$

❸ $1mL = 1cm^3$　だから，$15.78mL = 15.78cm^3$

$1000cm^3 = 1L$　だから，

$15.78cm^3 = 0.01578L$

❷ まず，立方体の容器の体積を求めます。この容器に立方体のさいころをつめていきます。容器の1辺が12cmで，さいころの1辺が2cmで，$12÷2$はわりきれるので，さいころをいっぱいにつめたとき，すき間はできません。
容器の体積÷さいころ1個の体積　で，入れることができるさいころの数を求めることができます。たて，横，高さとも $12÷2 = 6$(個)　のさいころが入ることになるので，$6×6×6 = 216$(個)　としてもよいです。

❸ 右の図のように，1辺が8cmの立方体から，たて5cm，横6cm，高さ8cmの直方体を切りとった立体の体積を求めます。また，立体を2つの直方体に分け，それぞれの体積を求めてあわせてもよいです。

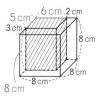

❹ 右の図のように，2つの直方体に分けて考えます。
図の左の奥側の直方体の横の長さは，$17+12 = 29$(cm)　から，6cmをひいた23cmです。

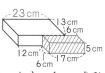

❺ ❶ 容積を求めるので，入れ物の内のりを考えます。入れ物の厚さ50cm＝0.5m，内のりは，たて $16 - 0.5×2 = 15$(m)，横 $11 - 0.5×2 = 10$(m)，高さ $9 - 0.5 = 8.5$(m)　です。ふたがないので，高さは板の厚さ1まい分の50cmをひくことに注意しましょう。

❷ 入れ物に $7500L = 7.5m^3$ の水を入れたときの水の高さを求めることと同じです。水の深さを□mとします。入れた水の体積は，$15×10×□ = 7.5$($m^3$)　です。単位をそろえることに注意しましょう。

❻ 右の図のように，立体をたてに3段に分けます。次に，いちばん上の段を2つに分けます。4つの直方体の体積をそれぞれ求めてあわせます。

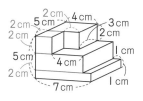

右の図のように，立体をたてに分けて求めてもよいです。左側の立体と中央の直方体，右側の直方体の体積を求めてあわせます。

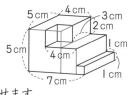

$5×4×5 - 2×2×2 = 92$

$5×2×3 = 30$　$5×1×1 = 5$

$92 + 30 + 5 = 127$($cm^3$)

❼ 立方体は，等しい大きさの正方形6まいからできています。表面全体の面積は，1つの面の面積の6個分なので，1つの面の面積は，$486÷6 = 81$($m^2$)　です。面積が $81m^2$ となる正方形の1辺の長さは，$9×9 = 81$　なので，9mです。この立方体は1辺が9mの立方体です。

## 3章 2つの量の変わり方

標準 レベル＋　　26～27ページ

例題1 ア　2，3，2，3，2，3，比例
イ　2，3，2，3，比例

❶ 6, 9, 12, 15, 18, 21, 24, (○は□に比例)する

例題2 ①2，3
②8，8，560，13，13，910

❷ ❶比例している
❷式 $150×12 = 1800$

答え 1800円

### 考え方

❶ 長方形の面積○＝たて(3)×横(□)　です。たとえば，□が1→2，1→3と2倍，3倍になったとき，○は3→6，3→9と2倍，3倍になるので，○は□に比例します。

❷ ❶ 買う重さが100g→200g→300gと2倍，3

倍になったとき，代金は，150円→300円
→450円と2倍，3倍になるので，代金は買
う重さに比例しています。

❷ 1.2kg＝1200g　1200gは100gの12倍な
ので，代金は150円の12倍になります。

## ハイ レベル＋＋ 　28～29ページ

❶ ❶式　□×5＝○　　　　　比例 ◎
　❷式　1000－□＝○　　　比例 ×
　❸式　500×□＝○　　　　比例 ◎
　❹式　25＋□＝○　　　　　比例 ×

❷ 960円

❸ ❶○と□ (比例)する　○と△ (比例)しない
　❷○と□　○×4＝□
　　○と△　○×○＝△
　❸□　10　　　△　6.25

❹ ❶3, 5, 16
　❷15分後
　❸式　7×4＝28　　60－28＝32
　　（または　15－7＝8　4×8＝32）
　　　　　　　　　　　　　　　【答え】32cm

❹
(cm) 水を入れる時間と水の深さ

### 考え方

❶ ❶ 底面積×高さ＝直方体の体積　なので，
　　□×高さ(5)＝○　です。□が2倍，3倍，…
　　となるとき，○も2倍，3倍，…となるので，
　　○は□に比例しています。□＝○÷5
　　○÷□＝5　などでもよいです。

　❷ □円の品物を買ったので，
　　1000－□＝○　です。□が2倍，3倍，…と

なるとき，○は2倍，3倍，…とならないの
で，○は□に比例していません。
1000＝□＋○　○＋□＝1000　などでも
よいです。

　❸ 入園料○円は，500円の□人分なので，
　　500×□＝○　です。□が2倍，3倍，…とな
　　るとき，○も2倍，3倍，…となるので，○は
　　□に比例しています。○÷□＝500
　　□＝○÷500　などでもよいです。

　❹ 女子の人数(25)と男子の人数(□)の合計が
　　クラス全体の人数(○)なので，25＋□＝○
　　です。□が2倍，3倍，…となるとき，○は2
　　倍，3倍，…とならないので，○は□に比例し
　　ていません。○－□＝25　□＝○－25
　　などでもよいです。

❷ □が2倍，3倍，…となるとき，△も2倍，3
倍，…となるので，△は□に比例しています。
△と□の関係を式に表すと，□×120＝△　で
す。□に8をあてはめると，△＝960　です。

❸ ❶ 正方形のまわりの長さ(□)は，1辺の長さ
　　(○)の4倍です。○が2倍，3倍，…となると
　　き，□も2倍，3倍，…となるので，□は○に
　　比例しています。正方形の面積(△)は，1辺
　　(○)×1辺(○)です。○が2倍，3倍，…とな
　　るとき，△は2倍，3倍，…とならないので，
　　△は○に比例していません。

　❷❸ □は○の4倍です。正方形の面積(△)は，
　　1辺(○)×1辺(○)なので，○×○＝△です。
　　○×4＝□　の○に2.5をあてはめます。
　　○×○＝△　の○に2.5をあてはめます。

❹ ❷ 水の深さが入れ物の高さ60cmになる時間
　　を求めます。表から，水を入れる時間×4＝水
　　の深さ　の関係がわかるので，水の深さに60
　　をあてはめて，水を入れる時間＝60÷4＝15
　　(分後)　です。

　❸ ❷の式の水を入れる時間に7をあてはめる
　　と，水の深さは28cmです。入れ物の深さは
　　60cmなので，いっぱいになるまで，あと
　　60－28＝32(cm)　です。❷から，水がいっ
　　ぱいになるまで15分かかるので，7分たった
　　とき，残りは15－7＝8(分)　です。8分間で

は，4×8＝32(cm)　入る，と求めることも
できます。

❹ 表をもとに，(水を入れる時間と水の深さ)が
(0と0)，(1と4)，(2と8)，(3と12)，
(4と16)，(5と20)のところに点をかきま
す。かいた点すべてを通る直線でむすびます。

---

**標準レベル＋**　〔30〜31ページ〕

例題1　3, 2, 2, 9, 18, 18, 21

1　式　1＋2＋3＋4＋5＋6＋7＋8＝36
　　　　　　　　　　　　　答え　36まい

例題2　20, 20, 20, 35　　答え　35

2 ❶3, 350, 500
　❷式　1500－250＝1250
　　　　1250÷50＝25　　答え　25分後

**考え方**

1　1段目の正方形の板の数は1まいで，2段目，3
段目，…とならべるごとに，ふやした1段の正方
形の板の数が1まいずつふえます。○段目の正方
形の板の数は○まいです。

2 ❶ 水を入れる時間が1分ふえるごとに，入って
いる水の量は50Lずつふえます。
　❷ はじめに入っている水の量が250Lなので，
入れ物に入る水の量は，あと1500－250
＝1250(L)　です。1分間に50Lずつ水を入
れて，1250Lになるまでの時間を求めればよ
いので，1250÷50＝25(分後)　です。

---

**ハイレベル＋＋**　〔32〜33ページ〕

❶ ❶○×2－1　まい
　❷式　1＋3＋5＋7＋9＋11＋13＋15＋17＋
　　　　19＋21＝22×5＋11＝121
　　　　または11×11＝121
　　　　　　　　　　　　　答え　121まい
　❸式　14段目　121＋23＋25＋27＝196
　　　　15段目　121＋23＋25＋27＋29＝225
　　　　または14×14＝196　15×15＝225
　　　　　　　　　　　　　答え　15段目
　❹式　207÷3＝69　　69÷3＝23

---

答え　23段目

2 ❶式　1500＋15×20＋135×20＋210×5
　　　　＝5550
　　　　　　　　　　　　　答え　5550円
　❷式　4230－1500＝2730
　　　　2730－15×20＝2430
　　　　2430÷135＝18　　20＋18＝38
　　　　　　　　　　　　　答え　38m³

3 ❶式　(180－30)÷20＝7.5
　　　　300＋150×8＝1500
　　　　　　　　　　　　　答え　1500円
　❷式　(2100－300)÷150＝12
　　　　30＋20×12＝270　270分＝4.5時間
　　　　　　　　　　　　　答え　4.5時間

**考え方**

❶ ❶ 1段目は1まい，2段目は3まい，3段目は5
まいなので，1段ふえるごとに，3まい，5ま
い，7まい，…とふえることがわかります。○
段目は，○×2－1(まい)　です。

　❷ ○段目の正三角形アのまい数は，○×2－1
(まい)　です。1段目からのまい数は，1ま
い，3まい，5まい，…と前の段から2まいふ
えたまい数が順につづきます。計算をすると
き，1＋21＝22，3＋19＝22，のように，和
が22になる組み合わせが5個でき，11が残
ることがわかります。つまり，求める和は，
22が5個と11の和です。このことに気づく
と，計算がかんたんになります。
1段目の正三角形アのまい数は1まい，2段目
までの正三角形アのまい数は4まい，3段目
までの正三角形アのまい数は9まいであるこ
とから，○段目までの正三角形アのまい数は，
○×○(まい)　であることがわかります。こ
のことから，1段目から11段目までの正三角
形アのまい数は，11×11＝121(まい)　と
してもよいです。

　❸ ❷で，11段目で正三角形アは121まいだっ
たことから，11段目より多くならべたときで
あることがわかります。大まかな予想を立て
て，計算してたしかめていきましょう。❶の
○×2－1(まい)　の式の○に14，15をあて

---

11

はめると，14段目で196まい，15段目で
225まいであることがわかるので，はじめて
200まいをこえるのは15段目です。

また，❷から，1段目から○段目までの正三角
形アのまい数は○×○（まい）です。○に14
をあてはめると14×14＝196（まい）　○に
15をあてはめると15×15＝225（まい）
なので，はじめて200まいをこえるのは15
段目としてもよいです。

❹ 正三角形は，3つの辺の長さが等しいので，
まわりの長さ＝1辺の長さ×3，1辺の長さ
＝まわりの長さ÷3　です。まわりの長さが
207cmの正三角形の1辺の長さは207÷3
＝69（cm）　です。正三角形アの1辺の長さ
は3cmなので，大きな正三角形の1辺の長さ
が69cmになるのは，69÷3＝23（段目）　ま
でならべたときです。

❷ ❶ 基本料金は必ずかかります。使用水量が
45m³なので，表の使用水量41～60の料金
にあてはまります。

基本料金＋1～40m³までの料金＋41～45m³
までの料金　となります。

❷ 水道料金－基本料金＝使用水道料金　です。
使用水道料金は2730円なので，2730円で
何m³の水を使ったかを考えます。20m³使っ
たときの使用水道料金は300円なので，あと
2430円分の水を使ったことになります。表
の21～40m³の料金135円でわると，ちょう
ど18m³になります。つまり，20＋18＝38（m³）
使ったことになります。

❸ ❶ 3時間＝180分　です。最初の30分までは
300円なので，残りの150分とめたときの代
金を考えます。20分ごとに150円なので，
150÷20＝7あまり10　で，20分を7＋1
＝8（回分）　の料金が加わります。あまりの
10分にも20分ごとの料金1回分が加わるこ
とに注意しましょう。残りの150分でかかる
代金は，150×8＝1200（円）　です。

❷ 最初の30分にかかる300円をひくと1800
円です。1800円であと何時間とめられるか
を考えます。1800÷150＝12　なので，30

分をこえてから，20分を12回分とめること
ができます。

20×12＝240分　最初の30分をあわせて
270分です。270分＝4.5時間です。時間の
単位に注意しましょう。

## 🔍 思考力育成問題　34～35ページ

❶

| △(cm) | たて(cm) | 横(cm) | 深さ(cm) | 容積(cm³) |
|---|---|---|---|---|
| 1 | 18 | 18 | 1 | 324 |
| 2 | 16 | 16 | 2 | 512 |
| 3 | 14 | 14 | 3 | 588 |
| 4 | 12 | 12 | 4 | 576 |
| 5 | 10 | 10 | 5 | 500 |
| 6 | 8 | 8 | 6 | 384 |
| 7 | 6 | 6 | 7 | 252 |
| 8 | 4 | 4 | 8 | 128 |
| 9 | 2 | 2 | 9 | 36 |

❷①10
②△＋△＋□＝20，□＝20－2×△　など
③3　　　　④588

### 考え方

❶ たてと横の長さは，正方形の1辺20cmから，切
りとった△cm 2つ分をひいた長さになります。
△cmが深さになります。たて×横×深さ＝容積
です。

❷ ① 1辺が20cmの正方形から4すみを切りとる
ので，1辺に注目すると両側から切りとっていく
ことになります。両側を20÷2＝10（cm）　切り
とったとき，工作用紙はちょうど半分に分けられ
てしまい箱は作れないので，①には10があてはま
ります。

② 20cmから△cm 2つ分をひいた長さが□cm
です。この関係を式に表します。表し方はいろい
ろあります。

△2つと□をあわせると20：△＋△＋□＝20，
2×△＋□＝20　など。

20から△2つをひくと□：□＝20－△－△，
□＝20－2×△　など。

③④ ❶でまとめた表を読みとります。容積がい
ちばん大きくなっているのは588cm³で，そのと
き切りとる正方形の1辺の長さ（△）は3cmです。

標準 レベル＋　　　　　　**36〜37ページ**

例題1 合同，BC，5，F，85

**1** ❶辺GF　　　❷3cm　　　❸辺HE

例題2 辺，2，辺，間，1，辺，2

**2** 3つの辺の長さ
が右の図のように
なっていれば正解

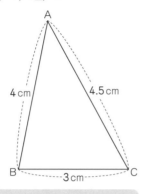

### 考え方

**1** 右の四角形を上下が反対になるように回転させ
ると，四角形ABCDとぴったり重なります。

❶ 辺ADと辺GFはぴったり重なるので対応す
る辺です。

❷ 辺GHと対応する辺は，辺ABなので，長さ
は等しく，3cmです。

❸ 辺BCと対応する辺は辺HEです。対応する
辺の長さは等しいので，辺BCと辺HEの長さ
は4cmです。

**2** 3つの辺の長さを使って合同な三角形をかきま
す。

かき方の例

1　3cmの辺を定規ではかってかきます。両は
しの点が三角形の2つの頂点となります。

2　1でかいた辺の両はしにコンパスの針をさ
し，4cmと4.5cmをはかりとり，円の一部を
かきます。

3　2でかいた2つの円の一部が交わる点が残
りの頂点となります。

4　3つの頂点をむすび，三角形をかきます。

ハイ レベル＋＋　　　　　　**38〜39ページ**

**1** ❶三角形DCE（CDE）

❷三角形BCE（CBE）

❸3個

**2** ❶辺FE　　　　　　❷角G

❸（頂点）Fと（頂点）H

**3** きまらない

**4** 3つの頂点から，3本
の直線と，辺を2cmず
つに等しく分ける点をむ
すぶようにかかれていれ
ば正解

**5** ❶辺HI　　　　　　❷三角形JFG

❸四角形BCDE

**6** 右の図のよう
な辺の長さと角
の大きさの四角
形がかかれてい
れば正解

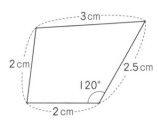

### 考え方

❶ ❶❷ 長方形の向かい合う辺は等しいです。ま
た，対角線はおたがいのまん中で交わります。
このことから，三角形DCEは，三角形ABE
と3つの辺の長さが等しいので合同です。また，
三角形BCEと三角形ADEも，3つの辺の
長さが等しいので合同です。

❸ 三角形ABDは，長方形を対角線で2つに分
けた三角形のうちの1つです。長方形の向か
い合う辺は等しいので，対角線で分けた2つ
の三角形のもう一方である三角形CDBは，3
つの辺の長さが等しく合同です。対角線で2
つに分けた三角形のうちの1つをさがせばよ
いので，三角形CDB，三角形BAC，三角形
DCAの3個になります。

❷ 四角形EFGHを回転させて，辺BCと辺GHが同
じ向きになるようにすると見やすくなります。

❶ 辺ADと対応する辺は辺FEで，長さは2cm
です。

❷ 角Bと対応する角は角Gで，大きさは等しい
ので75°です。

❸ 三角形ABCは，四角形ABCDの頂点Aと頂
点Cをむすぶとできます。頂点Aに対応する

頂点は頂点F，頂点Cに対応する頂点は頂点Hなので，頂点Fと頂点Hをむすぶ対角線をひけば，三角形ABCと合同な三角形FGHができます。

❸ 三角形の3つの角の大きさがわかっていても，辺の長さがどれもわからないので，色々な大きさの三角形がかけます。この三角形と合同な三角形は1通りにはきまりません。合同な三角形がかけるのは，三角形の形が1つにきまるときです。次のとき，三角形は1つにきまります。
・3つの辺の長さがわかっているとき
・2つの辺の長さとその間の角の大きさがわかっているとき
・1つの辺の長さとその両はしの角の大きさがわかっているとき

❹ 正三角形の頂点から，底辺のまん中の点に直線をひくと，正三角形は同じ形の三角形2個に分けられます。つまり，合同な2つの三角形に分けられます。

❺ 四角形FGHIJを回転させ，辺CDと辺GHがならぶようにすると，対応する辺や角が見つけやすくなります。
❶ 辺DEと対応する辺は辺HIです。
❷ 頂点Aと頂点Cをむすぶと三角形ABCができます。頂点Aに対応するのは頂点J，頂点Cに対応するのは頂点Gなので，頂点Jと頂点Gをむすんでできる三角形JFGが三角形ABCと合同です。
❸ できる四角形は，四角形FGHIです。頂点Fに対応するのは頂点B，頂点Iに対応するのは頂点Eなので，頂点Bと頂点Eをむすんでできる四角形BCDEが求める四角形です。

❻ 右の図のように，四角形に対角線をひき，2つの三角形に分けます。まず，右下の2つの辺の長さが2cmと2.5cmでその間の角の大きさが120°の三角形をかきます。対角線が三角形の残りの辺となります。次に，対角線を1つの辺として，2つの辺が2cmと3cmの三角形をかきます。合同な四角形をかくときは，2つの三角形に分けてみるとよいです。

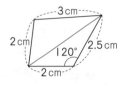

例題1　①48，69
②140，70，70，110
1 ❶42°　　　　　　❷145°
例題2　30，60，60，45，75
2 ❶75°　　　❷75°　　　❸105°

**考え方**

1 ❶ 二等辺三角形なので，底辺の右側の角の大きさは69°。⊛＝180°−(69°＋69°)＝42°
❷ 三角形の3つの角で，大きさがわからない角の大きさは，180°−(84°＋61°)＝35°
⊛＝180°−35°＝145°
また，⊛のような角を，三角形の外角といいます。三角形の外角は，その角ととなり合わない三角形の2つの角の和と等しいです。この性質を使って，⊛＝84°＋61°＝145°　と求めることもできます。

2 三角定規の大きさがわかっている角をかき入れ，そのほかに求められる角の大きさを順に求めていきましょう。三角形の外角の性質(→40ページ例題1の さんこう )や，交わる2直線によってできる角のうち向かい合う角の大きさは等しいことを使ってもよいでしょう。
❶ 三角形の外角の性質より，
⊛のとなりの角の大きさは
60°＋45°＝105°
⊛＝180°−105°＝75°
2直線が交わってできる
角のうち向かい合う角の
大きさは等しいので⊛
＝75°　としてもよいで
す。

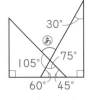

❷ ⊛＝180°−(180°−30°−45°)＝75°
⊛＝30°＋45°＝75°　としてもよいです。
❸ ⊛＝180°−(30°＋45°)
＝105°

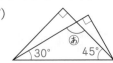

❶ ❶65°　　❷105°　　❸50°

❷ ❶38°　　❷122°　　❸25°

❸ 15°

❹ ❶131°　　❷68°

❺ ❶73°　　❷132°
　 ❸71°　　❹61°

❻ ❶あ 88°　　❷い 91°　　う 57°

## 考え方

❶ ❶ ●＝180°－140°
　　　　＝40°
　　　▲＝180°－（40°＋45°）
　　　　＝95°
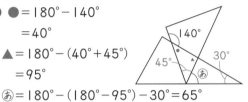
　　あ＝180°－（180°－95°）－30°＝65°

　 ❷ ●＝180°－60°－45°
　　　　＝75°
　　　あ＝180°
　　　　－（180°－30°－75°）
　　　　＝105°
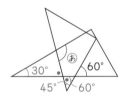

　 ❸ 180°－30°
　　　　　－（45°＋10°）
　　　　＝95°
　　　180°－95°＝85°
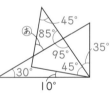
　　　あ＝180°－（45°＋85°）
　　　　＝50°

❷ ❶ 180°－90°－20°＝70°
　　　180°－70°＝110°
　　　あ＝180°
　　　　－（110°＋32°）
　　　　＝38°
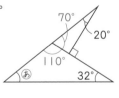
　　　あ＋32°＝70° より求めてもよいです。

　 ❷ 右の図のように直
　　　線をのばして，三角
　　　形をふやして考えま
　　　す。このようにひく
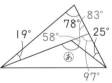
　　　直線を補助線といいます。
　　　180°－19°－78°＝83°
　　　180°－83°＝97°
　　　180°－97°－25°＝58°
　　　あ＝180°－58°＝122°

あ＝97°＋25°＝122° としてもよいです。

　 ❸ 補助線をひいて考え
　　　ます。
　　　180°－73°－22°＝85°
　　　180°－85°＝95°
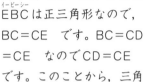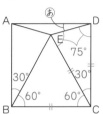
　　　あ＝180°－（95°＋60°）＝25°

❸ 四角形ＡＢＣＤは正方形
　 なので，ＢＣ＝ＣＤ，三角形
　 ＥＢＣは正三角形なので，
　 ＢＣ＝ＣＥ です。ＢＣ＝ＣＤ
　 ＝ＣＥ なのでＣＤ＝ＣＥ
　 です。このことから，三角
　 形ＣＤＥは二等辺三角形です。二等辺三角形ＣＤＥ
　 の角Ｄと角Ｅの大きさは等しく，どちらも
　 （180°－30°）÷2＝75° です。
　 あ＝90°－75°＝15°

❹ ❶ ●＋●＋△＋△＋82°＝180° なので，
　　　●＋●＋△＋△＝180°－82°＝98°
　　　(●＋△)＋(●＋△)＝98°
　　　**●＋△の大きさの角が2個分**
　　　●＋△＝98°÷2＝49°
　　　あ＝180°－(●＋△)＝180°－49°＝131°

　 ❷ ●＋△＋124°＝180° なので，
　　　●＋△＝180°－124°＝56°
　　　あ＝180°－(●＋△)－(●＋△)
　　　　＝180°－56°－56°＝68°

❺ ❶ 正方形の4つの
　　　角の大きさがすべ
　　　て90°であること
　　　を使います。
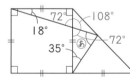
　　　180°－90°－18°＝72°
　　　180°－72°＝108°
　　　あ＝180°－（72°＋35°）＝73°

　 ❷ あの右上の三角形
　　　の3つの角の大きさ
　　　を求めます。
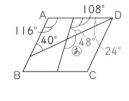
　　　180°－116°－40°
　　　＝24°
　　　180°－108°－24°＝48°
　　　あ＝180°－48°＝132°
　　　あ＝180°＋24°＝132° としてもよいです。

❸ 平行四辺形の向か
い合う角の大きさは
等しいことを使いま
す。角Dの大きさは

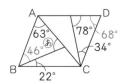

180°−78°−34°=68°

角Bの大きさも68°なので，68°−22°=46°

㋐=180°−(63°+46°)=71°

❹ ひし形は，4つの辺
の長さが等しいの
で，三角形ABDと
三角形CBDは二等
辺三角形です。角Bの半分の大きさが

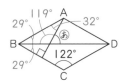

(180°−122°)÷2=29°

180°−90°−29°×2=32°

180°−29°−32°=119°

㋐=180°−119°=61°

㋐=32°+29°=61°　としてもよいです。

❻ ❶ 三角形ABCは正三角
形なので，3つの角の
大きさが60°であるこ
とを使います。

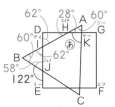

㋐=180°
　−(180°−28°−60°)=88°

❷ 平行四辺形の向かい
合う角の大きさは等し
いことを使います。

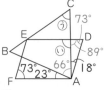

角Dの大きさは73°な
ので180°−73°−18°=89°

㋑=180°−89°=91°

平行四辺形のとなり合う角の大きさの和は
180°です。

角Aの大きさは，108°−73°=107°

107°−23°−18°=66°

三角形ABCは二等辺三角形なので，

㋒=(180°−66°)÷2=57°

---

## 標準 レベル＋　　44〜45ページ

例題1　180，180，2，360，360

❶ ❶100°　　　❷105°　　　❸50°

例題2　3，180，3，540

---

❷ ❶三角形の数　5個　角の大きさの和　900°

❷三角形の数　8個　角の大きさの和　1440°

❸三角形の数　13個 角の大きさの和　2340°

### 考え方

❶ ❶❷ 四角形の4つの角の大きさの和は360°で
あることを使います。

❶ ㋐=360°−(140°+50°+70°)=100°

❷ 四角形の残りの1つの角の大きさは，
360°−(95°+105°+85°)=75°
㋐=180°−75°=105°

❸ ひし形は対角線で2つの二等辺三角形に分
けられます。
㋐×2=180°−(40°+40°)=100°
㋐=100°÷2=50°

❷ 多角形のある頂点からは，その頂点自身と，そ
の頂点の両どなりの頂点に対角線をひくことはで
きません。ある頂点からひける対角線の本数は，
多角形の頂点の数より3少ないです。多角形は，
頂点の数よりも2少ない個数の三角形に分けるこ
とができます。○角形の角の大きさの和は，三角
形○−2(個)　分になるので，180°×(○−2)
と計算で求めることができます。

❶ 三角形の数　7−2=5(個)
角の大きさの和　180°×5=900°

❷ 三角形の数　10−2=8(個)
角の大きさの和　180°×8=1440°

❸ 三角形の数　15−2=13(個)
角の大きさの和　180°×13=2340°

---

## ハイ レベル＋＋　　46〜47ページ

❶ ❶147°　　　❷57°　　　❸127°

❹58°　　　❺116°　　　❻47°

❷ 30°

❸ ❶十七角形　　　　❷二十一角形

❹ 81°

❺ 180°

### 考え方

❶ ❶ 五角形の角の大きさの和は540°です。
㋐=540°−(108°+85°+110°+90°)=147°

❷ 五角形の残りの角の大きさは，

---

$540° − (95° + 112° + 80° + 130°) = 123°$

㋐ $= 180° − 123° = 57°$

❸ 六角形の角の大きさの和は720°です。

㋐ $= 720°$
$− (102° + 120° + 125° + 106° + 140°)$
$= 127°$

❹ 六角形の残りの角の大きさは,
$720° − (120° + 110° + 140° + 90° + 138°)$
$= 122°$

㋐ $= 180° − 122° = 58°$

❺ 七角形の角の大きさの和は900°です。

㋐ $= 900° − (145° + 135° + 92° + 122° + 140°$
$+ 150°) = 116°$

❻ 七角形の残りの角の大きさは,
$900° − (114° + 133° + 142° + 109° + 125°$
$+ 144°) = 133°$

㋐ $= 180° − 133° = 47°$

❷ 平行四辺形は四角形なので,角の大きさの和は360°です。また,向かい合う角の大きさは等しいので,となり合う2つの角の大きさをあわせると $360° ÷ 2 = 180°$ です。三角形ABEで,角Aの大きさは,$180° − 100° + 40° = 120°$ です。三角形ABEは二等辺三角形なので,㋐ $= (180° − 120°) ÷ 2 = 30°$

❸ ○角形の角の大きさの和は,$180° × (○ − 2)$ です。

❶ $180° × (○ − 2) = 2700°$
$○ − 2 = 2700° ÷ 180° = 15$
$○ = 15 + 2 = 17$ なので,十七角形

❷ $180° × (○ − 2) = 3420°$
$○ − 2 = 3420° ÷ 180° = 19$
$○ = 19 + 2 = 21$ なので,二十一角形

❹

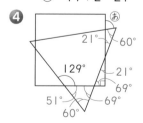
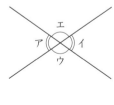

正方形の4つの角の大きさがすべて90°であること,正三角形の3つの角の大きさがすべて60°であることを使います。右図のように,直線が交

わっているとき,おたがいに向かい合う角ア＝角イ,角ウ＝角エ であることをおぼえておくと,角の大きさが求めやすくなり,計算がかんたんになることが多いです。

㋐ $= 180° − (180° − 21° − 60°) = 81°$

㋐ $= 60° + 21° = 81°$ としてもよいです。

❺ 角B＋角D,角C＋角Eは,三角形の外角の性質を使うと,右の図の角の大きさと等しくなります。角Aとあわせると1つの三角形の3つの角にまとめることができます。

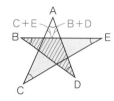

A＋B＋C＋D＋E は,1つの三角形の角の大きさの和なので180°です。

---

**5章** 整数の性質

**標準** レベル+   48〜49ページ

例題1  2, 10, 12, 18, 20, 偶数,
5, 7, 11, 15, 21, 奇数

❶ ❶奇数  ❷奇数  ❸偶数
❹奇数  ❺奇数  ❻奇数
❼偶数  ❽奇数

❷ ❶偶数  ❷偶数  ❸奇数

❸ 偶数  9個   奇数  10個

例題2  6, 7

❹ ❶66   ❷74
❸5000  ❹18000

❺ 73  奇数

❻ 奇数

**考え方**

❶ 一の位の数が偶数(0, 2, 4, 6, 8)ならば偶数,一の位の数が奇数(1, 3, 5, 7, 9)ならば奇数です。

❷ 計算をして答えを出し,偶数か奇数かを判断してもよいですが,計算結果の一の位の数が偶数であれば偶数,奇数であれば奇数とわかるので,計算結果の一の位の数がわかれば判断できます。

❶ 和の一の位は $1 + 7 = 8$ より偶数です。

❷ 積の一の位は $0 × 8 = 0$ より偶数です。

❸ 商の一の位は 6÷2＝3 より奇数です。

③ 23から41までは，41－23＋1＝19(個) の
整数があります。連続している整数では，偶数と
奇数は交互にならんでいます。23と41は奇数な
ので，奇数の個数が偶数の個数よりも1個多くな
ります。

④ ❶ □＝132÷2＝66
　❷ 2×□＝149－1＝148　□＝148÷2＝74
　❸ 2×□＝10001－1＝10000
　　　□＝10000÷2＝5000
　❹ □＝36000÷2＝18000

⑤ 左ページの次のページは右ページで，ページの
番号が1ふえるので73です。73は奇数です。

⑥ ある数を□とします。□＋7＝偶数　です。
□＝偶数－7　このとき，偶数に12や14などの
数をあてはめてみると考えやすいです。
　たとえば，偶数に12をあてはめると，
□＝12－7＝5　で奇数になることから，ある数
は奇数です。

ハイ レベル＋＋　　　50〜51ページ

❶ ❶偶数　　　　❷奇数　　　　❸奇数
　❹偶数　　　　❺偶数　　　　❻奇数
❷ ❶□ 1466　　　　○ 0
　❷□ 6187　　　　○ 1
　❸□ 2611　　　　○ 0
　❹□ 168035　　　○ 1
❸ ❶偶数　　　　　　❷偶数
❹ 奇数
❺ ア，エ，オ，カ
❻ ❶975320　　　　❷203579
　❸973205

考え方
❶ 偶数には2，4，6など，奇数には1，3，5など
の実際の数をあてはめて考えるとよいでしょう。
　❹❺❻ 偶数や奇数のかけ算で，積が奇数となる
　　のは，奇数×奇数　のみです。
❷ 数や計算の結果が偶数のとき○には0があてはま
まり，奇数のときは1があてはまります。
　❶ 2932は偶数なので，2932＝2×1466＋0

　❷ 12375は奇数なので，
　　12375＝2×6187＋1
　❸ 2354＋2868＝5222＝2×2611＋0
　❹ 100574＋235497＝336071
　　　　　　　　　　＝2×168035＋1

❸ ❶ 5つの整数は，小さい順に，偶数，奇数，偶
数，奇数，偶数です。5つの整数の和は，
偶数＋偶数＋偶数＋奇数＋奇数　で，偶数と
　　　　偶数　　　　　　　偶数
なります。

　❷ 5つの整数は，小さい順に，奇数，偶数，奇
数，偶数，奇数です。5つの整数の積は，
偶数×偶数×奇数×奇数×奇数
　　　偶数　　　　　　　奇数
で，偶数となります。

❹ 正方形の面積＝1辺×1辺　なので，
△＝○×○　です。△が奇数で，積が奇数になる
のは，奇数×奇数のときのみなので，○には奇数
があてはまります。

❺ 実際の偶数や奇数を記号にあてはめて計算して
みましょう。
ア 偶数×奇数＋奇数×偶数＝偶数＋偶数＝偶数
イ 偶数×奇数×偶数－奇数＝偶数－奇数＝奇数
ウ （偶数＋奇数）×偶数＋奇数
　　＝奇数×偶数＋奇数＝偶数＋奇数＝奇数
エ 偶数×偶数＋奇数－奇数＝偶数＋奇数－奇数
　　　　　　　　　　　　　　　　＝偶数
オ 奇数＋奇数－偶数＋偶数＝偶数－偶数＋偶数
　　　　　　　　　　　　　　　　＝偶数
カ 奇数×偶数＋奇数×偶数＝偶数＋偶数＝偶数

❻ ❶ 一の位の数が偶数になります。0はいちばん
大きい位には使えないので，一の位を0にし
て，0以外の数を大きい順にならべます。

　❷ 一の位の数が奇数になります。0はいちばん
大きい位には使えないので，上から2ばん目
の位の数にします。一の位を9にして，0以外
の数を小さい順にならべます。

　❸ いちばん大きい奇数は，975203
2ばん目に大きい奇数は，975023
3ばん目に大きい奇数は，973205　です。

例題1 6, 8, 10, 9, 12, 15, 倍数, 倍数, 6

1 ❶10　　　　❷12　　　　❸21

例題2 16, 20, 20, 25, 20, 20, 40, 60, 80

2 ❶60, 120, 180　❷40, 80, 120
　❸72, 144, 216

3 次 120m(先)　　次の次 240m(先)

### 考え方

1 2つの数の倍数を順に求め, はじめて等しくなる数が最小公倍数です。

2 ❶ 最小公倍数は60です。60の倍数を小さいほうから3つ求めて, 60, 120, 180です。
　❷ 最小公倍数は40です。40の倍数を小さいほうから3つ求めて, 40, 80, 120です。
　❸ 最小公倍数は72です。72の倍数を小さいほうから3つ求めて, 72, 144, 216です。

3 3, 5, 8の最小公倍数のきょりにはたを立てたとき, 3色のはたは同じ位置に立ちます。3, 5, 8の最小公倍数は120なので, 次に同じ位置に立つのは120m先です。次の次に同じ位置に立つのは, 最小公倍数の2倍のきょりのときなので, 120×2＝240(m)　先です。

❶ 490

❷ ❶112cm
　❷式 112÷14＝8　112÷16＝7
　　　8×7＝56

答え 56まい

❸ ❶式 100÷15＝6あまり10

答え 6個

　❷式 3の倍数　100÷3＝33あまり1
　　　5の倍数　100÷5＝20
　　　33＋20−6＝47　100−47＝53

答え 53個

❹ ❶0, 2, 4, 6, 8　❷2, 5, 8
　❸2, 8　　　　　❹2, 6

❺ ❶式 最小公倍数　45
　　　午前6時20分＋45分＝午前7時5分

答え 午前7時5分

　❷式 午後9時20分−午後1時5分＝495分
　　　495÷45＝11　11＋1＝12

答え 12回

❻ 式 12分で8発　60÷12＝5
　　5＋1＝6　8×6＝48

答え 48発

### 考え方

❶ 5でも7でもわりきれる整数は, 5と7の最小公倍数です。500にいちばん近い公倍数を求めます。5と7の最小公倍数は35なので, 35の倍数で500に近い整数の予想を立ててたしかめましょう。35×14＝490, 35×15＝525　なので, 490です。

❷ ❶ 14と16の最小公倍数を求めて, 112です。
　❷ しきつめる長方形の厚紙のたての長さは14cmなので, 112÷14＝8(まい分)　です。横の長さは16cmなので, 112÷16＝7(まい分)です。たて8まい, 横7まいの長方形の厚紙をすきまなくしきつめるので, 全部で8×7＝56(まい)　必要です。

❸ ❶ 図の①の部分には, 3の倍数でもあり5の倍数でもある整数, つまり3と5の公倍数が入ります。3と5の最小公倍数は15です。1から100までの整数のうち, 15の倍数が何個あるかを考えて, 100÷15＝6あまり10なので, 6個あります。

　❷ 3の倍数は, 100÷3＝33あまり1　なので, 33個あります。5の倍数は, 100÷5＝20(個)　あります。図の①の部分は❶より6個で, 3の倍数でも5の倍数でもあり, 3の倍数と5の倍数の個数の両方に数えられていることになるので, 1回数えた分の6個をのぞきます。3の倍数と5の倍数の個数をあわせると, 33＋20−6＝47(個)　図の②の部分に入るのは, 100−47＝53(個)　です。

❹ ❶ 下2けたが4の倍数のとき, その整数は何けたであっても4の倍数です。下2けたが, 04, 24, 44, 64, 84のとき, 8□4は4の倍数となります。

　❷ 各位の数の和が3の倍数のとき, その整数は

何けたであっても3の倍数となります。□に入る数が2，5，8のとき，各位の数の和がそれぞれ9，12，15となるので，3の倍数となります。

❸ 偶数で，各位の数の和が3の倍数のとき，その整数は何けたであっても6の倍数となります。一の位の数が偶数のとき，49□は偶数となるので，□に入る数は，0，2，4，6，8のどれかまたは全部です。各位の数の和が3の倍数となるのは，□に2，8が入るときで，各位の数の和はそれぞれ15，21です。また，49□が6でわりきれ，480は6でわりきれるので，1□が6の倍数となります。このことから，□には2，8があてはまります。

❹ □に入る数を0〜9まで順に考えていきましょう。8の倍数は4の倍数でもあるので，4でわりきれない614，634，654，674，694は8の倍数ではありません。
❶より，4の倍数は，604，624，644，664，684の5つなので，この5つの数から8でもわりきれる数をさがしてもよいです。□には2，6があてはまります。

❺ ❶ 15と9の最小公倍数は45なので，バスと電車は，45分ごとに同時に発車します。午前6時20分の次は，45分後になるので，午前7時5分に同時に発車します。
❷ ❶より，午後1時以降でいちばん早くバスと電車が同時に発車するのは午後1時5分です。午後10時までに，最後にバスと電車が同時に発車するのは午後9時20分です。この間の時間は495分あるので，495分間に45分が何回あるかを考えます。495÷45＝11（回）ではじめの午後1時5分の1回をあわせて12回です。

❻ 3と4の最小公倍数は12なので，地点Aと地点Bでは12分おきに同時に花火を打ち上げます。このとき，1回に地点Aは3発，地点Bは5発打ち上げるので，2地点で同時に花火が打ち上がるのは12分おきに3＋5＝8（発）です。午後8時から午後9時までは60分あるので，60÷12＝5（回）にはじめの午後8時の1回をあわせて

6回，2地点から同時に打ち上げられます。花火の数は，8×6＝48（発）です。

例題1 2，6，9，3，6，1，2，3，6，6
❶ ❶25　　　❷12　　　❸7
例題2 5，12，15，15，1，3，5，15，15，約数
❷ ❶15　　　❷42　　　❸14
❸ 5本

考え方
❶ 2つの数の約数を順に求め，共通する約数（公約数）の中でいちばん大きいものが最大公約数です。
❷ 3つの数の最大公約数の求め方も，2つの数の最大公約数の求め方と同じです。
❸ すべての色のリボンの長さがいちばん長く，等しい長さになるように切り分けるので，12と24と30の最大公約数を考えます。最大公約数は6なので，それぞれのリボンを6cmずつに切り分ければよいです。青のリボンは，30÷6＝5（本）に切り分けられます。

❶ 9，25，49
❷ ❶48人
❷ 式 96÷48＝2　5×2＝10
　　48÷48＝1　100×1＝100
　　10＋100＝110
 答え 110円
❸ ❶15cm
❷ 式 （63−3）÷15＝4　（80−5）÷15＝5
　　4×5＝20
答え 20まい
❹ ❶8個　　　❷39個
❺ 式 154−10＝144　327−3＝324
　　公約数12，18，36
答え 12人，18人，36人
❻ 式 56÷8＝7　72÷8＝9
　　40÷8＝5　7＋9＋5＝21
答え 21個

**⑦ 式** 180÷3＝60　　　180÷5＝36
　　　180÷4＝45　　　60×36×45＝97200

**答え** 97200個

**考え方**

**❶** 約数が3つある整数は，たとえば4のように，
1×4，2×2と表せる整数です。1×自身の数(4)
と，同じ数を2回かけている整数です。このこと
から考えて，同じ数を2回かけてできる整数に注
目すると，小さい順に，3×3＝9，5×5＝25，
7×7＝49　があてはまります。

**❷ ①** 5円こうか96まいと100円こうか48まい
を同じ数ずつ，分ける人数がいちばん多くな
るように分けるので，96と48の最大公約数
が求める数になります。96と48の最大公約
数は48です。

　　**②** 48人に同じ数ずつ分けるので，5円こうか
は，1人に96÷48＝2(まい)，100円こうか
は，1人に48÷48＝1(まい)　分けられま
す。1人分の金がくは，5円こうか2まいと
100円こうか1まいであわせて110円です。

**❸ ①** たての長さは3cm残ったので，使った長さ
は63－3＝60(cm)，横の長さは5cm残った
ので，使った長さは80－5＝75(cm)　です。
60と75の最大公約数15(cm)が切り分けて
できた正方形の1辺の長さになります。

　　**②** ❶より，正方形の1辺は15cmなので，たて
に60÷15＝4(まい)，横に75÷15
＝5(まい)　できます。全部で4×5
＝20(まい)　できます。

**❹ ①** 3でも4でもわりきれる整数は，3と4の公
倍数です。3と4の最小公倍数は12なので，
公倍数の個数は，100÷12＝8あまり4　で，
8個あります。

　　**②** 3でわりきれる整数の個数と7でわりきれる
整数の個数の合計から，3と7の公倍数の個
数をのぞきます。
3でわりきれる整数：100÷3＝33あまり1
　　　　　　　　　　なので33個
7でわりきれる整数：100÷7＝14あまり2
　　　　　　　　　　なので14個
3と7の公倍数：最小公倍数は21なので，

21，42，63，84　の4個
3だけでわりきれる整数：33－4＝29(個)
7だけでわりきれる整数：14－4＝10(個)
求める整数の個数は，29＋10＝39(個)

**❺** あまりをのぞくと，
ノート　154－10＝144(さつ)，
えん筆　327－3＝324(本)　です。これを同じ
数ずつ配るので，公約数を求めます。144と324
の最大公約数は36です。36の約数である公約数
であればよいので，1人，2人，3人，4人，6人，
9人，12人，18人，36人があてはまります。こ
のうち，ノートのあまりのさっ数10よりも大き
い12人，18人，36人があてはまります。

**❻** 3つの辺それぞれに，間かくが等しくなるよう
に辺に■をかくので，56，72，40の公約数を考
えます。■の数がいちばん少なくなるときの■の
間かくは，56，72，40の最大公約数である8cm
です。■の間かくが8cmなので，■の数は，
56cmの辺では，56÷8＝7(個)　72cmの辺で
は，72÷8＝9(個)　40cmの辺では，40÷8
＝5(個)　と考えると，あわせて5＋7＋9
＝21(個)　です。

**❼** 1辺が1.8m＝180cmの箱に製品をつめます。
製品をすき間なくつめるので，製品のたて，横，
高さにそれぞれ注目して，たては180÷3
＝60(個)，横は180÷5＝36(個)，高さは
180÷4＝45(個)　つめることができます。つめ
られる製品の数は，全部で，60×36×45
＝97200(個)　です。

💡 **思考力育成問題**　　60～61ページ

**❶** ①5(10)　　②10(5)　　③20
④20　　　⑤0
**❷** ⑥2000　　⑦2000　　⑧0
**❸** ⑦→⑦→⑦→⑦→⑦

**考え方**

**❶** 表から読みとりましょう。あまりが0のときの
わる数が20の約数です。表で行った作業を文章
でまとめて，命令とすると考えます。まず，表で，
20を1から20のすべての整数でわっているの

21

で，③，④には20が入ります。あまりが0のとき，わった数は20の約数なので表示させます。⑤には0が入ります。

❷ ❶の20が2000に変わっても，手順は変わりません。まず，2000で20のときと同じ表をつくるので，⑥，⑦には2000が入ります。2000の約数も20のときと同じように，わったあまりが0のときの整数なので，⑧には0が入ります。

❸ ❶の命令の順番と同じように考えましょう。命令の順番は，

㋐ 20のときと同じように2000の表をつくる。

㋒→㋓ あまりが0のときわった数は2000の約数なので表示させる。

㋑→㋔ 2000の約数でない数は何もしなければ2000の約数だけが表示される。

まとめると，㋐→㋒→㋓→㋑→㋔ となります。

---

**6章 分数のたし算とひき算**

## 標準 レベル+ 　　　　62〜63ページ

例題1 ①5, 3　　　②11, 7

**1** ❶ $\dfrac{10}{3}$　　❷ $\dfrac{15}{13}$　　❸ $\dfrac{1}{99}$

**2** ❶ 3　　❷ 23　　❸ 25, 9

**3** ❶ 式 $6 \div 7 = \dfrac{6}{7}$　　答え $\dfrac{6}{7}$ 倍

　❷ 式 $7 \div 6 = \dfrac{7}{6}$　　答え $\dfrac{7}{6}$ 倍

例題2 ①2, 5, 0.4, 0.4, 1.4

　②100, 41, 41, 100

**4** ❶ 2.5　❷ 9　❸ 5.5　❹ 0.002

**5** ❶ $\dfrac{1003}{1000}$ $\left(1\dfrac{3}{1000}\right)$　　❷ $\dfrac{27}{100}$

　❸ $\dfrac{209}{1000}$　　❹ $\dfrac{97}{1}$

**考え方**

**1** わられる数が分子，わる数が分母となります。

**2** □にあてはまる数が，分数の分子なのか分母なのかを考えます。

**3** ❶ もとにする量が7mなので，7mを1としたとき，6mがいくつにあたるかを求めます。6

を7でわります。

❷ もとにする量が6mなので，6mを1としたとき，7mがいくつにあたるかを求めます。7を6でわります。

**4** 帯分数は仮分数になおし，分子÷分母　を計算します。

**5** ❶〜❸ 小数点の位置から，わる数が100や1000とわかり，わる数が分母となります。$\dfrac{1}{100}$ や $\dfrac{1}{1000}$ が何個分あるかを考え，個数が分子となります。

❹ 整数は，1などを分母とする分数で表すことができます。

---

## ハイ レベル++ 　　　　64〜65ページ

**1** 0.28, $\dfrac{9}{40}$, $\dfrac{26}{1000}$, 0.0209, $\dfrac{25}{1250}$

**2** ❶ 式 $32 \div 23 = \dfrac{32}{23}$

　　答え $\dfrac{32}{23}$ $\left(1\dfrac{9}{23}\right)$ L

　❷ 式 $32 \div 25 = 1.28$

　　答え 1.28L

**3** ❶ 式 33000g＝33kg

　　$41 \div 33 = \dfrac{41}{33}$

　　答え $\dfrac{41}{33}$ $\left(1\dfrac{8}{33}\right)$ 倍

　❷ 式 $33 \div 41 = \dfrac{33}{41}$

　　答え $\dfrac{33}{41}$ 倍

**4** ❶ $\dfrac{7}{3}$ $\left(2\dfrac{1}{3}\right)$　　❷ $\dfrac{4}{7}$

**5** $\dfrac{274}{1000}$, $\dfrac{275}{1000}$, $\dfrac{276}{1000}$

**6** ❶ 式 □×100＝27.2727…

　　答え 27.2727…

　❷ 式 □×100−□＝□×99

　　27.2727…−0.2727…＝27

　　□×99＝27　□＝27÷99　□＝$\dfrac{27}{99}$

**考え方**

**①** 分数を小数になおし，大きさを比べます。

$$\frac{9}{40} = 9 \div 40 = 0.225$$

$$\frac{26}{1000} = 26 \div 1000 = 0.026$$

$$\frac{25}{1250} = 25 \div 1250 = 0.02 \quad です。$$

**②** ❶ $32 \div 23 = 1.391\cdots$で，小数で表せません。

**③** 単位に注意しましょう。33000g＝33kg です。

**④** ❶ 赤のテープを1とみるので，青のテープの長さを3でわります。

❷ 青のテープを1とみるので，白のテープの長さを7でわります。

**⑤** 0.273と0.277を分数で表すと，$\frac{273}{1000}$，$\frac{277}{1000}$なので，分母が1000で，$\frac{273}{1000}$より大きく，$\frac{277}{1000}$より小さい分数をすべて答えます。分母が1000で分子が274，275，276の分数です。

**⑥** ❶ 0.272727…に100をかけると，小数点の位置が右に2つうつります。

❷ □×100−□＝□×(100−1)＝□×99 です。

❶の答えの27.2727…から□にあてはまる数の0.2727…をひくと，小数点以下の.2727…の部分は等しいので0になり，27となります。□×99＝27 という式となるので□を分数で表すことができます。

「 **15** 約分と通分」で学習する約分を使って，$\frac{3}{11}$と答えてもよいです。

**標準 レベル＋**　　66〜67ページ

例題1 ① 2, 2, 4　　② 4, 4, 3

**1** ❶ 16, 15　　❷ 25, 70

❸ 4, 1

答え $\frac{27}{99}$

**2** ❶ $\frac{1}{4}$　　❷ $\frac{1}{4}$　　❸ $\frac{3}{2}$

**3** $\frac{2}{5}$, $\frac{4}{10}$, $\frac{6}{15}$

例題2 ① 3, 15, 5, 15, $\frac{2}{3}$

② 4, 4, 12, 3, 9, 12, $\frac{3}{4}$

**4** ❶ $\frac{7}{14}$, $\frac{2}{14}$　　❷ $\frac{10}{30}$, $\frac{24}{30}$, $\frac{25}{30}$

❸ $\frac{40}{100}$, $\frac{35}{100}$, $\frac{44}{100}$

**5** 緑, 赤, 青

**考え方**

**1** 分母と分子に同じ数をかける，または同じ数でわります。

❶ $\frac{3}{4} = \frac{3 \times 4}{4 \times 4} = \frac{12}{16}$, $\frac{3}{4} = \frac{3 \times 5}{4 \times 5} = \frac{15}{20}$

❷ $\frac{5}{7} = \frac{5 \times 5}{7 \times 5} = \frac{25}{35}$, $\frac{5}{7} = \frac{5 \times 10}{7 \times 10} = \frac{50}{70}$

❸ $\frac{8}{32} = \frac{8 \div 2}{32 \div 2} = \frac{4}{16} = \frac{4 \div 4}{16 \div 4} = \frac{1}{4}$

**2** ❶ 分母と分子を7でわります。

❷ 分母と分子を15でわります。

❸ 分母と分子を12でわります。

**3** $\frac{20}{50}$を約分すると$\frac{2}{5}$です。分母がいちばん小さい分数は$\frac{2}{5}$です。順に，分母と分子に2，3をかけます。

**4** ❶ 2と7の最小公倍数は14です。

❷ 3と5と6の最小公倍数は30です。

❸ 5と20と25の最小公倍数は100です。

**5** 通分して大きさを比べます。通分すると，赤のリボンが$\frac{25}{60}$m，青のリボンが$\frac{16}{60}$m，緑のリボンが$\frac{42}{60}$mです。

**ハイ レベル＋＋**　　68〜69ページ

**1** $\frac{11}{12}$, $\frac{13}{12}$, $\frac{17}{12}$, $\frac{19}{12}$

**2** ❶ アの分母　5　イの分母　3　ウの分母　8

❷ 120

❸ 6個

❹ $\dfrac{2}{7}$, $\dfrac{3}{7}$

❺ ❶ $\dfrac{28}{35}$　　❷ $\dfrac{12}{72}$

❻ ❶ 5　　❷ 89

❼ 月曜日, 木曜日, 水曜日, 火曜日

**考え方**

❶ $\dfrac{3}{4}$ と $\dfrac{11}{6}$ を通分して, 分母を12にそろえます。それぞれ, $\dfrac{9}{12}$, $\dfrac{22}{12}$ です。$\dfrac{9}{12}$ より大きく, $\dfrac{22}{12}$ より小さい分数のうち, これ以上約分ができない分数をさがします。

❷ ❶ アの分母の数とイの分母の数の最小公倍数が15で, イの分母の数とウの分母の数の最小公倍数が24となります。イの分母の数とウの分母の数は, 1と24, 2と12, 3と8, 4と6, 6と4, 8と3, 12と2, 24と1が考えられます。この中で1よりも小さい分数となる1けたの整数の組み合わせは3と8, 4と6, 6と4, 8と3なので, イの分母の数は3, 4, 6, 8のいずれかです。アの分母の数とイの分母の数の最小公倍数が15となるので, イの分母の数は3, ウの分母の数は8です。アの分母の数は, 5または15で, 1けたの整数なので5です。

❷ ❶より, 5, 3, 8の最小公倍数となります。

❸ $\dfrac{1}{2}$ と同じ大きさの分数を考えます。分母が10から20の分数は, 順に $\dfrac{5}{10}$, $\dfrac{6}{12}$, $\dfrac{7}{14}$, $\dfrac{8}{16}$, $\dfrac{9}{18}$, $\dfrac{10}{20}$ の6個です。

❹ $\dfrac{1}{4}$ と $\dfrac{1}{2}$ を通分しても, 分母が7の分数にはできないので, 分母が4, 2, 7の最小公倍数である28の分数にします。$\dfrac{1}{4}$ と $\dfrac{1}{2}$ はそれぞれ, $\dfrac{7}{28}$ と $\dfrac{14}{28}$ になります。$\dfrac{7}{28}$ と $\dfrac{14}{28}$ の間にある分数で, 約分して分母が7となる分数は, $\dfrac{8}{28}$ と $\dfrac{12}{28}$

です。

❺ ❶ $\dfrac{4}{5}$ の分母と分子の和は9です。9を7倍すると63になるので, 分母と分子を7倍します。

❷ $\dfrac{1}{6}$ の分母と分子の差は5です。5を12倍すると60になるので, 分母と分子を12倍します。

❻ ❶ $\dfrac{1}{3}$ と同じ大きさで分母が18の分数は $\dfrac{6}{18}$ です。$\dfrac{11}{18}$ の分子から5をひいた分数なので, □には5があてはまります。

❷ $\dfrac{11}{10}$ と $\dfrac{9}{8}$ の分子を99にそろえると $\dfrac{99}{90}$ と $\dfrac{99}{88}$ です。□にあてはまる数は89です。

❼ それぞれの曜日に勉強した時間を分数になおし, 通分して分母をそろえて大きさを比べます。分母の最小公倍数は840です。月曜日 $\dfrac{1540}{840}$ 時間, 火曜日 $\dfrac{924}{840}$ 時間, 水曜日 $\dfrac{1200}{840}$ 時間, 木曜日 $\dfrac{1365}{840}$ 時間です。分数を小数になおして比べてもよいです。$1\dfrac{5}{6}=1.83\cdots$, $1\dfrac{3}{7}=1.42\cdots$, $\dfrac{13}{8}=1.625$ です。

標準レベル＋ **70〜71ページ**

例題1　①9, $\dfrac{7}{6}$　　②5, $\dfrac{7}{10}$

**1** ❶ $\dfrac{13}{12}\left(1\dfrac{1}{12}\right)$　　❷ $\dfrac{11}{15}$

❸ $\dfrac{11}{24}$　　❹ $\dfrac{1}{20}$

❺ 2　　❻ $\dfrac{11}{28}$

**2** ❶ $3\dfrac{5}{6}\left(\dfrac{23}{6}\right)$　　❷ $3\dfrac{3}{8}\left(\dfrac{27}{8}\right)$

❸ $\dfrac{32}{35}$

例題2　① $\dfrac{8}{18}$, $\dfrac{4}{9}$　　答え $1\dfrac{4}{9}$

② $\frac{21}{18}$, $\frac{16}{18}$, $\frac{8}{9}$　　答え 家, 図書館, $\frac{8}{9}$

③ 式 $1-\left(\frac{1}{10}+\frac{3}{10}\right)=\frac{6}{10}=\frac{3}{5}$

答え $\frac{3}{5}$ L

④ 式 $\frac{2}{3}+\frac{3}{8}=\frac{25}{24}$

答え $\frac{25}{24}\left(1\frac{1}{24}\right)$m

**考え方**

**1** 分母を, 分母どうしの最小公倍数にそろえて分子をたしたりひいたりします。

**2** ① 分母を6にそろえます。

② 分母を8にそろえます。

③ $0.2=\frac{1}{5}$ です。分母を35にそろえます。

**3** 答えは約分した分数で答えることに注意しましょう。

**4** 分母を24にそろえます。

## ハイ レベル++　　72〜73ページ

**1** ① $\frac{23}{20}\left(1\frac{3}{20}\right)$　② $\frac{33}{20}\left(1\frac{13}{20}\right)$

③ $\frac{27}{35}$　④ $\frac{7}{12}$

⑤ $\frac{13}{45}$　⑥ $\frac{59}{30}\left(1\frac{29}{30}\right)$

⑦ $\frac{17}{60}$　⑧ $\frac{2}{3}$

⑨ $\frac{37}{40}$

**2** 式 $\left(\frac{5}{6}+\frac{5}{6}+\frac{5}{6}\right)-\left(\frac{1}{8}+\frac{1}{8}\right)=2\frac{1}{4}$

答え $2\frac{1}{4}\left(\frac{9}{4}\right)$m

**3** 式 $\frac{3}{8}+\frac{3}{5}+\frac{3}{4}=1\frac{29}{40}$

答え $1\frac{29}{40}\left(\frac{69}{40}\right)$L

**4** ① $\frac{53}{20}\left(2\frac{13}{20}\right)$　② $\frac{101}{60}\left(1\frac{41}{60}\right)$

③ $\frac{5}{24}$　④ $\frac{37}{45}$

**5** 式 $\frac{7}{12}-\frac{1}{3}=\frac{1}{4}=0.25$

$0.25\div2=0.125=\frac{1}{8}$

答え $\frac{1}{8}$ (0.125)m

**6** 式 $\frac{1}{8}+\frac{1}{6}+\frac{1}{3}=\frac{5}{8}$　$1500\div5=300$

$300\times8=2400$

答え 2400円

**考え方**

**1** ①〜⑥ 小数を分数になおして計算します。

⑦ 分母の最小公倍数は60です。

⑧ 分母の最小公倍数は6です。

⑨ 分母の最小公倍数は40です。

**2** 3本のテープをつなげたとき, つなぎ目の数は2つです。テープ3本分の長さからつなぎ目2つ分の長さをひきます。

**3** A, B, Cの入れ物に入っている水の量をたします。分母の最小公倍数は40です。

**4** ①② 小数を分数になおして計算します。

③ 分母の最小公倍数は24です。

④ 分母の最小公倍数は90です。答えは約分しましょう。

**5** 図から, テープAとテープBの長さの和からテープAとテープBの長さの差をひくと, テープA2本分の長さとなります。テープA2本分の長さを求めて, 分数を小数になおし, 2でわります。

**6** じゅんびしていたお金全体を1と考えると, 全体の $\frac{1}{8}+\frac{1}{6}+\frac{1}{3}$ が1500円にあたります。$\frac{5}{8}$ が1500円にあたるので, $\frac{1}{8}$ にあたるお金は300円で, $1\left(\frac{8}{8}\right)$ にあたるお金は2400円です。

## 思考力育成問題　　74〜75ページ

**1** 左の分数の半分の大きさ

**2** $\frac{31}{32}$

**3** 1

**4** 左の分数の半分の大きさの分数を次々たしてい

く(ことで)

考え方

❶ たし算の式を左から順にみていくと，$\frac{1}{4}$ よりあ
とは，左の分数の半分の大きさの分数を順にたし
ています。

❷ 分母の最小公倍数は32です。

❸ 正方形の面積＝１辺×１辺　です。

❹ たし算の式と正方形の図から，式の左の分数の
大きさの半分の分数を次々にたしていくと，正方
形の折り紙がしだいにうまっていくことがわかり
ます。

---

7章 平均

標準 レベル+ 　　76〜77ページ

例題1 440，440，5，88

① 式 (7+5+0+9+11+5+10+5)÷8=6.5

答え 6.5点

② ❶式 (83+72+91)÷3=82

答え 82点

❷式 (83+72+91+80)÷4=81.5

答え 81.5点

例題2 140，10，140，10，150

③ 式 仮の平均は120です。

(22+5+13+0+8+25+17+22+9
+28)÷10=14.9

120+14.9=134.9

答え 134.9

考え方

① 8回の得点を合計して，8でわります。

② ❶ はじめの3回の得点を合計して，3でわりま
す。

❷ 4回の得点を合計して，4でわります。

③ 仮の平均は，最も小さい数なので120です。10
個の数それぞれについて，仮の平均との差を求め
ます。求めた差を合計して，10でわります。結果
を仮の平均である120にたします。

---

ハイ レベル++ 　　78〜79ページ

① ❶式 1はん (39+41+37+40+43)÷5
=40

2はん (42+36+39+41+40)÷5
=39.6　40−39.6=0.4

答え 1はんが0.4kg(体重が)重い

❷ (40×5+39.6×5)÷(5+5)=39.8

答え 39.8kg

② 式 255.5÷365=0.7

35÷0.7=50

答え 50日

③ 式 18.2÷28×2280=1482

1500−1482=18

答え 18m

④ 式 仮の平均を275gとします。

(45+53+27+11+20+49+35+76
+6+0+31+66+32+10+22)÷15
=32.2

275+32.2=307.2

答え 307.2g

⑤ 式 145+1=146

146×4−145×3=149

答え 149cm

⑥ 式 74×(20+15)=2590

68×20=1360

2590−1360=1230

1230÷15=82

答え 82点

⑦ 式 97−65=32　69−65=4

32÷4=8

答え 8回目

考え方

① ❶ 1はんと2はんの体重の平均をそれぞれ求め
て比べます。

❷ 1はんの体重の合計と2はんの体重の合計の
和を10でわった値が，全員の体重の平均と
なります。

② まず，1日に飲む牛にゅうの量を求めます。次
に，35Lを1日に飲む牛にゅうの量でわります。

③ ともやさんが1歩で歩く平均の長さを求めま

す。2280歩分の1482mがともやさんが歩いた
道のりになります。家から図書館までは1.5km
＝1500m なので，図書館には着きません。
1500mと1482mの差が残りの道のりです。

❹ 仮の平均を，最も小さい重さの275gとします。
仮の平均は，いちばん小さい重さとすると計算が
かんたんになることが多いです。仮の平均とそれ
ぞれの重さの差を求め，差の平均を求めます。仮
の平均275gに差の平均をたします。

❺ 平均×個数＝全体なので，Dさんを加えた4人
の平均の4倍が4人の身長の合計（全体）となりま
す。Aさん，Bさん，Cさんの身長の合計（全体）
は，平均が145cmなので，145×3 です。4人
の身長の合計（全体）－3人の身長の合計（全体）
＝Dさんの身長です。

❻ クラス全員の合計点は，平均×個数 個数は，
男子の人数＋女子の人数 です。男子の合計点
は，平均(68)×男子の人数(20)です。クラス全
体の合計点－男子の合計点＝女子の合計点 なの
で，女子の合計点を求め，女子の人数15でわる
と女子の平均点となります。

❼ 97点と平均点65点の差は32点です。97点を
とったあとの平均点と，とる前の平均点の差は，
69－65＝4(点) です。32点多くとったこと
で，平均点が4点ふえたことになります。平均点
が4点ふえるには，32÷4＝8(回) テストを受
けたことになるので，97点をとったテストは8
回目のテストです。

---

### 8章 単位量あたりの大きさ，速さ

標準レベル＋                    80～81ページ

例題1  8, 4, 30, 5, イ

❶ ❶式 ア 96÷12＝8  イ 119÷14＝8.5
       ウ 120÷15＝8

　　　　　　　　　　　　答え イ 8.5本

　❷式 8×20＝160

　　　　　　　　　　　　答え 160本

例題2  2532, 213, 860000, 277, B

❷ 式 ア 280÷150＝1.8…

---

イ  450÷300＝1.5
ウ  152÷80＝1.9

　　　　　　　　答え イ，ア，ウ

❸ 式 A 9690÷255＝38
     B 4644÷129＝36

　　　　　　　　答え （畑）A

#### 考え方

❶ ❶ 1m²あたりにある平均の木の本数を求める
　ので，ア，イ，ウそれぞれについて木の本数
　÷面積 の式から求めて比べます。

　❷ ❶で求めたアの平均の本数(8本)に広場エの
　面積20m²をかけます。

❷ 100g買うときのねだんは，1gあたりねだん
　を求めて比べればよいです。ア，イ，ウそれぞれ
　の ねだん÷肉の重さ を求めて比べます。

❸ 1aあたりでとれる作物の量を求めて比べれば
　よいので，畑A，Bそれぞれについて，
　とれた作物の量÷畑の面積 を求めて比べます。

---

ハイレベル＋＋                    82～83ページ

❶ 式 1600×1215＝1944000

　　　　　　　　答え およそ194万人

❷ ❶式 42－28＝14
       14÷4＝3.5

　　　　　　　　答え 3.5dL

　❷式 3.5×9＝31.5
       42－31.5＝10.5

　　　　　　　　答え 10.5dL

❸ ❶式 14.4÷18＝0.8
       0.8×35＝28

　　　　　　　　答え 28kg

　❷式 48÷0.8＝60

　　　　　　　　答え 60L

❹ 式 3300÷150＝22  3300÷165＝20
     22－20＝2

　　　　　　　　答え 2m²へる

❺ 式 5kg＝5000g  5000÷100＝50
     28m＝2800cm  2800÷50＝56
     56÷140＝0.4  0.4×100＝40

　　　　　　　　答え 40cm

**❻** 式 3200×20＝64000
2540×(20＋30)＝127000
(127000−64000)÷30＝2100

答え 2100

**❼** 式 A　540÷45＝12　B　665÷70＝9.5
570÷12＝47.5　570÷9.5＝60
60−47.5＝12.5

答え 12.5L

**考え方**

**❶** 人口＝人口密度×面積　です。

**❷** ❶ 残りのペンキの量から，使ったペンキの量を求めると，使ったペンキの量で4m²をぬったことになります。

❷ ❶から，1m²のかべをぬるのにペンキは3.5dL必要です。9m²のかべをぬるのに必要なペンキの量は3.5×9＝31.5(dL)　です。

**❸** ❶ 1Lの油の重さが何kgかを求め，35倍します。

❷ ❶から，この油1Lの重さは0.8kgとわかります。油の重さ÷0.8＝油の量(L)　です。

**❹** 5年生1人あたりの校庭の面積＝校庭の面積÷5年生の人数　です。今年と来年の5年生1人あたりの面積を求めて大きさを比べます。

**❺** 5kgが100gの何倍かを考え，はり金100gあたりの長さを求めます。このはり金100gの長さは56cmで140円で買えます。100円で買える長さは，56÷140×100　で求めます。

**❻** C市の面積はA市とB市の合計なので，
C市の人口＝C市の人口密度
　　　　　　×A市とB市の面積の合計　です。
A市の人口＝A市の人口密度×A市の面積　です。
B市の人口＝C市の人口−A市の人口　です。

**❼** 自動車A，自動車Bがガソリン1Lで走るきょりを求めます。自動車Aが12km，自動車Bが9.5kmです。次に，570kmを走るために何Lのガソリンが必要か考えます。自動車A，自動車Bそれぞれ，570km÷ガソリン1Lで走るきょり　の式で，使ったガソリンの量を求めます。

---

例題1　15，6，6，175，7，7，なおき

**❶** ❶式 350÷7＝50

答え 時速50km

❷式 1200÷20＝60

答え 分速60m

**❷** 式 ア　570÷15＝38
イ　522÷14.5＝36

答え (自動車)ア

例題2　①60，72，72
②72，72，4320，4320，4.32，4.32

**❸** 式 54÷60＝0.9　0.9÷60＝0.015
0.015km＝15m

答え 分速0.9km，秒速15m

**❹** 式 5×60＝300　300＜320
または　320÷60＝5.3…　5＜5.3…

答え あきらさん

**考え方**

**❶** 速さ＝道のり÷時間　です。

**❷** 自動車アと自動車イが走る道のりと時間を，速さ＝道のり÷時間　の式にあてはめて，速さを比べます。

**❸** 時速÷60＝分速，分速÷60＝秒速　です。単位に注意しましょう。

**❹** 秒速×60＝分速　です。

---

**❶** ❶式 81÷1.8÷60＝0.75　0.75km＝750m
または　81000÷1.8÷60＝750m

答え 分速750m

❷式 12÷80×60＝9　9km＝9000m
または　12000÷80×60＝9000m

答え 時速9000m

❸式 10.5÷525×3600＝72

答え 時速72km

**❷** 式 8時09分−7時45分＝24(分)
960÷24＝40
40×60＝2400　2400m＝2.4km

答え 時速2.4km

---

❸ 式 A　0.72km＝720m　720÷60＝12

　　　B　45km＝45000m　1時間＝3600秒

　　　　　45000÷3600＝12.5

　　　12.5－12＝0.5

　　　　　　　　答え （自動車）Bが0.5m多い

❹ ❶式 行き　2400÷10×60＝14400

　　　帰り　2400÷12×60＝12000

　　　　　　答え 行き　時速14400m

　　　　　　　　　帰り　時速12000m

　❷式 2400×2÷（10＋12）＝218.X…

　　　　　　　答え 分速およそ218m

❺ 式 1700×2＝3400

　　　3400÷（60－20）＝85

　　　　　　　　　　答え 分速85m

❻ 式 たくや　73×2×60＝8760

　　　　　　8760cm＝87.6m

　　　ひろみ　70×2.5×60＝10500

　　　　　　　10500cm＝105m

　　　105－87.6＝17.4

　　　　　　答え ひろみさんが17.4m多い

### 考え方

❶ （　）の中の単位で答えることに注意しましょう。

　❶ 時速を求めて60でわってから単位をmになおします。81kmをmになおしてから計算してもよいです。

　❷ 分速を求めて60をかけても，12kmをmになおしてから計算してもよいです。

　❸ 8分45秒を秒になおして考えます。秒速を求めたあと，時速になおします。秒速×60＝分速，分速×60＝時速　なので，秒速×3600＝時速　です。

❷ 家を出発してから学校に着くまでの時間を求め，速さ＝道のり÷時間　から分速を求め，時速になおします。kmで答えることにも注意しましょう。

❸ 自動車Aの速さは分速で表されているので，60でわって秒速になおします。自動車Bの速さは時速で表されているので，3600でわって秒速になおします。このとき，45kmを45000mになおして計算しましょう。求めた自動車Aと自動車Bの秒速を比べ，差を求めます。

❹ ❶ 時速何mかを聞かれているので，2.4kmを2400mとして計算するとよいです。行きと帰りの分速をそれぞれ求め，60をかけて時速になおし，速さを比べます。

　❷ 道のりは，家から図書館までの往復の道のりなので，2400×2＝4800（m）　です。時間は行きが10分，帰りが12分なのであわせて22分です。「平均の速さ」は行きと帰りの速さの平均ではないので，行きと帰りの速さをあわせて2でわった速さを求めて（行きの速さ＋帰りの速さ）÷2　としないようにしましょう。

❺ 家から湖までの往復の道のりは1700×2＝3400（m）　です。歩いた時間は1時間（60分）から休んだ20分をひいた40分です。3400mを40分で歩いたときの速さを求めます。

❻ 1分間に進む道のり＝1歩の歩はば×1秒間に歩く平均の歩数×60　です。

標 準 レベル＋　　88～89ページ

例題1　①5，325　　②260，4

❶ ❶式 25×3.6＝90

　　　　　　　　　　答え 90km

　❷式 2時間＝120分

　　　200×120＝24000　24000m＝24km

　　　　　　　　　　答え 24km

❷ ❶式 3900÷6.5＝600　600秒＝10分

　　　　　　　　　　答え 10分

　❷式 5÷2＝2.5　2.5時間＝150分

　　　　　　　　　　答え 150分

例題2　144，12，12，120，120，14，14，イ，イ

❸ 式 A　20700÷（60×3）＝115

　　　B　660÷（360÷60）＝110

　　　　　　　　　答え コピー機A

### 考え方

❶ 道のり＝速さ×時間　です。（　）の中の単位で答えることに注意しましょう。

❷ 時間＝道のり÷速さ　です。（　）の中の単位で答えることに注意しましょう。

❸ 時間の単位を分にそろえるとよいでしょう。

3時間＝180分，360秒＝6分　です。

コピーしたまい数÷時間＝コピーする速さ　です。

## ハイ レベル＋＋　　90〜91ページ

❶ 式 50×4.5＝225

225÷1.25＝180　180分＝3時間

答え 3時間

❷ 式 0.25時間＝900秒

3×900＝2700　2700÷2＝1350

1350m＝1.35km

答え 1.35km

❸ 式 AからB　360÷45＝8

BからA　360÷40＝9

8＋9＝17

360×2÷17＝42.3…

答え およそ時速42km

❹ 式 A　180÷90＝2

B　300÷(60×2)＝2.5

(2＋2.5)×60＝270

答え 270L

❺ 式 1.2km＝1200m

1200÷(110−70)＝30

答え 30分後

❻ 式 3200÷(60＋100)＝20

答え 20分後

❼ 式 80×9＝720　720÷(80＋100)＝4

80×4＝320

答え 320m

❽ 式 1800÷60＝30　1800÷72＝25

30−25＝5

答え 午前10時5分

### 考え方

❶ 道のり＝速さ×時間　から，時速50kmの自動車で走った道のりを求めます。この道のりについて，時間＝道のり÷速さ　から時間を求めます。

❷ 速さは秒速，時間は●時間で表されているので，単位をそろえましょう。速さは分速または秒速，時間は分または秒になおすとよいですが，秒速，秒になおしたほうが計算がかんたんになります。

片道の道のりを求めるので，道のり＝速さ×時間から往復の道のりを求め，2でわります。

❸ A地点からB地点，B地点からA地点へかかった時間を，時間＝道のり÷速さ　から求めます。行きと帰りの時間の合計が往復にかかった時間です。往復の道のりは，360×2＝720(km)　です。平均の速さ＝道のり(720km)÷時間(17時間)です。行きと帰りの速さをあわせて2でわった速さではないことに注意しましょう。

❹ 水道Aと水道Bそれぞれについて，時間の単位を分にそろえ，1分間でためた水の量＝ためた水の量÷時間　を計算します。2つの水道のじゃぐちを同時に開くとき，1分間にためられる水の量は，水道Aと水道Bの1分間でためられる水の量の合計となります。1時間でためられる水の量は，1分間でためられる水の量に60をかけた量です。

❺ 2人が同じ方向に，ちがう速さで進むとき，進む道のりは速さの差だけ追いついていきます。兄と妹の速さの差は分速40mなので，1分間に40mずつ兄が妹に追いついていきます。

❻ 2人が反対の方向に進み，その方向が近づいていく方向のとき，進む道のりは速さの和だけ近づきます。れい子さんとたかおさんの分速の和は160mなので，1分間に160mずつ近づいていきます。近づく道のりが3.2km＝3200mとなるとき2人は出会います。出会うまでにかかる時間は20分です。

❼ あや子さんの速さと時間がわかっているので，池1周の道のりを求めることができます。池1周の道のり＝80×9＝720(m)　です。720mの道のりを2人が反対方向に進んだので，1分間に2人は速さの和だけ近づいていきます。2人の分速の和は180mなので，1分間に180mずつ近づいていきます。2人が進んだ道のりの合計が720mになるとき2人ははじめて出会います。はじめて出会うのは4分後です。

❽ 妹と姉それぞれが，家から公園に着くまでの時間を求めます。姉のほうが速いので，姉があとから家を出発しても妹に追いつくことになります。妹は30分，姉は25分で公園に着くので，姉は妹

より5分おそく出発すれば，2人は同時に公園に
着きます。

## 9章 図形の面積

標準レベル＋ 　　92～93ページ

例題1 ①5，3，15
　　　②2，1.5，2，3

1 ❶62.5cm² ❷24cm² ❸525cm²

例題2 60，7.5，8

2 式 15×4＝60　60÷12＝5

答え 5cm

3 式 6×8＝48　48÷4＝12

答え 12cm

4 アとイが平行なので，高さが等しく，底辺も等
しいから。

### 考え方

1 平行四辺形の面積＝底辺×高さ　です。
　❶ 12.5×5＝62.5（cm²）
　❷ 4×6＝24（cm²）
　❸ 15×35＝525（cm²）

2 平行四辺形の面積は15×4＝60（cm²）　です。
　底辺＝平行四辺形の面積÷高さ　です。

3 平行四辺形の面積は6×8＝48（cm²）　です。
　高さ＝平行四辺形の面積÷底辺　です。

4 直線アとイは平行なので，アとイの間のきょり
はどこでも等しいので，平行四辺形A，B，Cの
高さはすべて等しいです。平行四辺形A，B，Cの
底辺はどれも3cmで等しいです。底辺も高さも
等しい平行四辺形の面積は等しくなります。

ハイレベル＋＋ 　　94～95ページ

❶ 式 (9－6)×18＝54

答え 54cm²

❷ ❶40m² ❷81m²

❸ 式 16×8÷2＝64

答え 64cm²

❹ 式 10×5÷2＝25

答え 25cm²

❺ 式 13×15＝195
　　　195÷18＝10$\frac{5}{6}$

答え 10$\frac{5}{6}$（$\frac{65}{6}$）cm

❻ イ，ウ，ア

❼ 式 ア 1200÷25＝48
　　　イ 3÷6＝0.5　0.5m＝50cm
　　　　　50－48＝2

答え イが2cm大きい

### 考え方

❶ 底辺は，長方形のたての長さ9cmから6cmを
のぞいた長さです。高さは長方形の横の長さの
18cmです。

❷ ❶ 道路をないものとして左右の色のついた部
　分だけをあわせた平行四辺形の面積を考えま
　す。底辺の長さは7＋3＝10（m），高さは4m
　です。大きな平行四辺形の面積から，たて
　4m，横2mの長方形の面積をひいてもよいで
　す。

　❷ 道路をないものとして色のついた部分だけ
　をあわせた平行四辺形の面積を考えます。底
　辺の長さは15－1.5＝13.5（m），高さは
　7.5－1.5＝6（m）　です。

❸ 色をつけた4つの三角形に注目すると，4つと
も底辺が4cm，高さが8cmで，4つの三角形の面
積をあわせると，色のついていない白い部分全体
の面積と等しいので，平行四辺形の面積の半分で
あることがわかります。色のついた部分全体の面
積は，底辺の長さが16cm，高さが8cmの平行四
辺形の面積の半分です。

❹ 右の図のように，平行
四辺形の辺のまん中の点
どうしをむすぶと，平行
四辺形の中に四角形が4つできます。色のついた
部分はそれぞれ四角形の半分であるとわかりま
す。四角形アの面積は底辺の長さが10cm，高さ
が5cmの平行四辺形の面積の半分です。

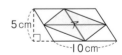

❺ 平行四辺形ABCDは，底辺の長さが13cm，高
さが15cmとみることができます。また，底辺の
長さが18cm，高さがAEの平行四辺形とみるこ

31

ともできます。平行四辺形の面積を求め，高さ＝平行四辺形の面積÷底辺　の式からAEの長さを求めます。

**❻** ア　$128÷16=8$(cm)

イ　１辺を□cmとします。$□×□=81$　なので，□には9があてはまり，正方形の１辺の長さは9cmです。

ウ　$102÷12=8.5$(cm)

**❼** 高さ＝平行四辺形の面積÷底辺　からアとイの高さを求めて比べます。アとイの平行四辺形の単位をそろえることに注意しましょう。

**標準 レベル＋**　　96～97ページ

例題1　①7，6，21

②5，4，5，10

**1** ❶6cm² ❷28cm² ❸12.5cm²

例題2　①□，○　　②5，15，6，18

③しています

**2** 式　$18÷6=3$

答え　3倍

**考え方**

**1** 三角形の面積＝底辺×高さ÷2　です。

❶ $3×4÷2=6$(cm²)

❷ $8×7÷2=28$(cm²)

❸ $5×5÷2=12.5$(cm²)

**2** 三角形の底辺の長さが等しいとき，面積は，高さに比例します。高さが18cmのとき，6cmの3倍なので，面積も3倍になります。

**ハイ レベル＋＋**　　98～99ページ

**❶** ❶10cm² ❷12cm²

**❷** 式　$2×4÷2+2×3÷2=7$

または

$(4+3)×5÷2-(4+3)×3÷2=7$

答え　7cm²

**❸** ❶式　高さを□cmとします。

$7.5×□÷2=52.5$

$7.5×□=52.5×2=105$

$□=105÷7.5=14$

答え　14cm

❷式　底辺の長さを□cmとします。

$□×12.5÷2=50$

$□×12.5=50×2=100$

$□=100÷12.5=8$

答え　8cm

**❹** 式　$16×12÷2=96$

CDの長さを□cmとします。

$20×□÷2=96$

$20×□=96×2=192$

$□=192÷20=9.6$

答え　9.6cm

**❺** 式　$21×24÷2=252$

答え　252cm²

**❻** 式　$4×3=12$

答え　12倍

**❼** 式　高さを□倍したとします。

$0.75×□=0.5$

$□=0.5÷0.75=50÷75=\dfrac{2}{3}$

答え　$\dfrac{2}{3}$倍

**考え方**

**❶** ❶ 底辺の長さは5cmです。点線部分の１辺が4cmで2つの角の大きさが45°，90°の三角形は直角二等辺三角形なので高さは4cmです。

❷ 底辺の長さは，$9-3=6$(cm)，高さは4cmです。

**❷** 色のついている部分は底辺の長さが2cmで高さが4cmの三角形と，底辺の長さが2cmで高さが3cmの三角形をあわせた形です。2つの三角形の面積を求めてあわせます。大きな三角形の面積から，色のついていない部分の三角形の面積をひいてもよいです。

**❸** ❶ 高さ＝三角形の面積×2÷底辺　です。

❷ 底辺＝三角形の面積×2÷高さ　です。

**❹** 底辺の長さが16cm，高さが12cmの三角形とみて面積を求めます。この三角形は，底辺の長さが20cm，高さがCDの三角形とみることもできるので，三角形の面積＝20×CD÷2　としてCD

の長さを求めます。

**❺** 右の図のように，2つ
の三角形の頂点が1点に
重なる点を通り，長方形
の横の辺に平行な直線を
ひきます。ひいた直線の

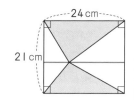

上側と下側の長方形それぞれで，色のついている
三角形の面積は長方形の半分です。色のついてい
る部分全体の面積は，たて21cm，横24cmの長
方形の面積の半分となります。長方形のたての辺
に平行な直線をひいて考えてもよいです。

**❻** 底辺の長さを4倍にすると，三角形の面積は4
倍になります。高さを3倍にすると，三角形の面
積は3倍になります。4倍してさらに3倍するこ
とになるので，12倍となります。

**❼** 三角形の面積は，底辺の長さにも高さにも比例
します。底辺を0.75倍し，さらに高さを何倍かし
たときに面積が0.5倍になるときを考えます。高
さを□倍したとして式で表すと，0.75×□＝0.5
（倍）　となります。

## 標準 レベル＋　　　　100〜101ページ

例題1 ①5，8，6，39
②7，3，7，35

**❶** ❶42cm² ❷37.5cm² ❸648cm²

例題2 ①4，6　　②5，6.25

**❷** ❶10cm² ❷16cm² ❸6cm²

**考え方**

**❶** 台形の面積＝（上底＋下底）×高さ÷2　です。

❶ （4＋8）×7÷2＝42（cm²）

❷ （5＋10）×5÷2＝37.5（cm²）

❸ （32＋16）×27÷2＝648（cm²）

**❷** ひし形の面積＝
一方の対角線×もう一方の対角線÷2　です。

❶ 4×5÷2＝10（cm²）

❷ 4×8÷2＝16（cm²）

❸ 3×4÷2＝6（cm²）

## ハイ レベル＋＋　　　　102〜103ページ

**❶** ❶式 8×6÷2＝24
台形ABCDの高さを□cmとします。
10×□÷2＝24
10×□＝24×2＝48
□＝48÷10＝4.8

答え 4.8cm

❷式 ADの長さを□cmとします。
（□＋10）×4.8÷2＝36
（□＋10）×4.8＝36×2＝72
□＋10＝72÷4.8＝15
□＝15－10＝5

答え 5cm

**❷** ❶132cm² ❷848cm²
❸24cm² ❹38cm²

**❸** ❶右図
❷式 （4＋7）×4÷2
÷2＝11
2回目に三角形
APDの面積が四
角形ABCDの面
積の半分になる
とき，ADを底辺

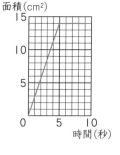

としたときの高さを□cmとします。
7×□÷2＝11　7×□＝11×2＝22
□＝22÷7＝$\frac{22}{7}$

5＋4＋4－$\frac{22}{7}$＝9$\frac{6}{7}$

秒速1cmだから，9$\frac{6}{7}$秒後

答え 9$\frac{6}{7}$（$\frac{69}{7}$）秒後

**❹** 式 16×16÷2＝128
（AF＋DE）×8÷2＝128
AF＋DE＝128×2÷8＝32
DE＝（32＋8）÷2＝20
AF＝20－8＝12

答え 12cm

**考え方**

**❶** ❶ 台形ABCDの高さは三角形EBCで底辺を

33

BCとしたときの高さと等しいので，三角形EBCの高さを求めます。三角形EBCは，底辺の長さが8cm，高さが6cmの三角形とみることができるので，面積は24cm²です。底辺をBCとみることもできるので，高さを□cmとして，三角形EBCの面積＝10×□÷2　から高さを求めます。

❷ ADは上底<ruby>上底<rt>じょうてい</rt></ruby>となります。ADの長さを□cmとして，台形の面積を求める公式にあてはめます。上底＋下底＝台形の面積×2÷高さ　です。下底はBCで10cmなので，□にあてはまる数を求めることができます。

❷ ❶ 右の図のように直線をひくと，台形と三角形に分けられます。それぞれの面積を求めてあわせます。

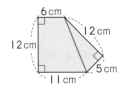

❷ 4つならんでいる四角形はすべて高さが8cmの台形です。4つの台形の面積を求めてあわせます。上底＋下底は，左から順に考えた場合，25＋27(cm)，27＋32(cm)，32＋24(cm)，24＋21(cm)とみることができます。

❸ 図の四角形はひし形ですが，たての対角線で分けられた三角形を2つあわせた形とみることができます。1つの三角形は底辺の長さが5cm，高さが4.8cmです。

❹ 台形と三角形を組み合わせた形です。三角形の底辺の長さが台形の上底と等しく，10cmです。台形の下底は8cm，高さは2cmです。三角形の底辺の長さは10cm，高さは4cmです。

❸ ❶ 三角形APDの底辺をADと考えます。点Pが点Aから点Bまで動くときと点Bから点Cまで動くときに分けて考えます。
点Pが点Aから点Bまで動くとき：時間とともに高さがふえていきます。点Pは秒速1cmで動くので，5秒後に点Bに着きます。5秒後の三角形APDの面積は，底辺の長さが7cm，高さが4cmなので，14cm²です。グラフの原点（時間，面積とも0の点）と，時間が5秒で

面積が14cm²の点を直線でむすびます。
点Pが点Bから点Cまで動くとき：三角形APDの高さは変わりません。底辺も変わらないので，三角形APDの面積は14cm²のまま変わりません。グラフで，点Bに着いたときの点に水平な直線をつなげてかきます。点Pは点Aを出発してから5秒後に点Bに着き，さらにその4秒後に点Cに着きます。つまり点Cに着くまでに5＋4＝9(秒)　かかるのでグラフは時間が9秒の点まで水平にのばします。

❷ 四角形ABCDは台形で，面積は22cm²です。三角形APDの面積が22÷2＝11(cm²)となるときを考えます。1回目は点Pが辺AB上にあるときです。点Pが辺BC上にあるときは，❶から，三角形APDの面積は14cm²で変わりません。2回目は点Pが辺CD上にあるときです。このとき，ADを底辺としたときの三角形APDの高さを，高さ＝三角形の面積×2÷底辺　から求めます。高さは$\frac{22}{7}$cmです。高さが$\frac{22}{7}$cmとなるのは，点Pが点A→点B→点C→三角形APDの高さが$\frac{22}{7}$cmとなる辺CD上の点　まで動いたときです。点Pがこの点まで動くのにかかる時間は，辺ABの長さ＋辺BCの長さ＋$\left(辺CDの長さ-\frac{22}{7}\right)＝9\frac{6}{7}$(秒)　です。

❹ 正方形ABCDはひし形と考えることもできます。右の図のように，正方形ABCDの対角線BDの半分が8cmなので，

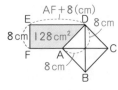

対角線の長さは16cmです。正方形の2本の対角線の長さは等しいので，もう一方の対角線の長さも16cmです。台形ADEFの面積は正方形ABCDの面積と等しく128cm²なので，台形ADEFの上底＋下底となるDE＋AFの長さを求めることができます。
図より，DE＝AF＋8(cm)です。台形ADEFで，

上底＋下底＝DE＋AF＝AF＋AF＋8＝32（cm）
となり，辺AFの長さがわかります。

## 10章 割合とグラフ

標準レベル＋　104〜105ページ

例題1　15，0.8，14，0.7，かずき，かずき

1　式　ア　900÷720＝1.25
　　　　イ　1600÷1200＝1.3…
　　　　ウ　2000÷1800＝1.1…
　　　答え　（商品）イ，（商品）ア，（商品）ウ

例題2　①0.7，1400
　　　　②600，0.4，1500

2　式　4×0.6＝2.4
　　　答え　2.4L

3　式　1200÷0.4＝3000
　　　答え　3000円

### 考え方

1　売りねが比べられる量なので，ア，イ，ウそれぞれについて，売りね÷仕入れね＝割合　の計算をして大きさを比べます。

2　比べられる量＝もとにする量×割合　です。もとにする量は4Lで，割合は0.6です。

3　比べられる量÷割合＝もとにする量　です。比べられる量は1200円で，割合は0.4です。

ハイレベル＋＋　106〜107ページ

❶　❶式　84÷0.56＝150
　　　　　150×0.52＝78
　　　　答え　78勝

　　❷式　84−12＝72
　　　　　72÷150＝0.48
　　　　答え　0.48

❷　式　A　25×1.32＝33　33−25＝8
　　　　　　または　25×0.32＝8
　　　　B　40×1.15＝46　46−40＝6
　　　　　　または　40×0.15＝6
　　　　C　28×1.25＝35　35−28＝7
　　　　　　または　28×0.25＝7

　　　　　答え　A，C，B

❸　式　30×0.15＝4.5　30−4.5＝25.5
　　　　25.5×0.14＝3.57
　　　　25.5−3.57＝21.93　21.93×0.1＝2.193
　　　　21.93−2.193＝19.737
　　　　答え　19.737L

❹　式　30000×1.02×1.02＝31212
　　　　答え　31212さつ

❺　式　男子　462÷1.1＝420
　　　　女子　462÷1.05＝440
　　　　420＋440＝860
　　　　答え　860人

### 考え方

❶　❶ 84試合が全体の試合数の0.56の割合であることから，全体の試合数を求めます。2位のチームが勝った試合数は，全体の試合数をもとにする量と考え，全体の試合数×割合（0.52）です。

　　❷ 3位のチームが勝った試合数は，❶より84−12＝72（試合）です。72を比べられる量と考えます。求める割合は，比べられる量（72）÷もとにする量（150）＝0.48　です。

❷　クラブA，クラブB，クラブCに入部したい人数は，それぞれ，定員×入部したい人の割合　です。入ることができない人数＝入部したい人の人数−そのクラブの定員　です。

❸　1日目に使ったしょう油の量を求め，その量をひいた量が，2日目に残っているしょう油の量です。同じように考えて3日目に残っているしょう油の量を求めます。

❹　今年の本の数の1.02の割合にあたる数が来年の本の数です。2年後（来年の次の年）の本の数は，来年の本の数の1.02の割合にあたる数になるので，2年後の本の数＝今年の本の数×1.02×1.02＝31212（さつ）　です。

❺　男子，女子それぞれの去年の生徒数をもとにする量と考えると，今年の生徒数÷割合＝去年の生徒数　です。男子は今年0.1の割合の人数がふえたので，今年の生徒数を1.1でわります。女子も同じように考えて，今年の生徒数を1.05でわります。求めた去年の男子と女子の生徒数をあわせ

ます。

例題1　90, 0.6, 60

1　❶23%　　❷1.5%　　❸103%

2　❶0.45　　❷0.008　　❸1.2

3　式 50×0.4=20

答え　20m²

例題2　500, 0.2, 2

4　❶8割　　　　　　❷5割7分
　❸3割5分1厘

5　❶9割　　　　　　❷4割2分5厘
　❸8分3厘

6　式 350×1.2=420

答え　420mL

### 考え方

1 2　割合を表す数と百分率の関係にあてはめましょう。

| 割合を表す数 | 1 | 0.1 | 0.01 | 0.001 |
|---|---|---|---|---|
| 百分率 | 100% | 10% | 1% | 0.1% |

3　40%は割合を表す数では0.4なので、広場アの面積に0.4をかけます。

4 5　割合と百分率と歩合の関係にあてはめましょう。

| 割合 | 1 | 0.1 | 0.01 | 0.001 |
|---|---|---|---|---|
| 百分率 | 100% | 10% | 1% | 0.1% |
| 歩合 | 10割 | 1割 | 1分 | 1厘 |

6　もとにする量よりも2割多いので、オレンジジュースの量に1.2をかけます。

❶ ❶150.3%, 15割3厘
　❷0.023, 2.3%
　❸2800　　　　　❹320

❷ 式 6÷120=0.05
　　0.05→5%→5分

答え　5分

❸ 式 315÷1.26=250

答え　250ひき

❹ 式 1−0.985=0.015
　　6÷0.015=400

答え　400人

❺ ❶式 100−(28+25+42)=5
　　または　1−(0.28+0.25+0.42)=0.05

答え　5%

　❷式 30÷0.25×0.42=50.4

答え　50.4dL

　❸式 35÷0.28=125

答え　125dL

❻ 式 はるかさん　1500÷1.2=1250
　　さとるさん　1250×0.9=1125

答え　1125円

❼ 式 (1−0.2)×(1−0.1)=0.72
　　72÷0.72=100

答え　100cm²

### 考え方

❶ ❶ 割合を表す数の1.5は、百分率では150%、歩合では15割です。
　❷ 2分は割合を表す数では0.02、百分率では2%です。
　❸ もとにする量×百分率=1820(人)　なので、もとにする量=1820÷0.65
　　=2800(人)　です。
　❹ もとにする量×歩合=240(m)　なので、もとにする量=240÷0.75=320(m)　です。

❷ もとにする量が2時間、比べられる量が6分です。比べられる量÷もとにする量=0.05　なので、0.05を歩合になおします。

❸ 去年の魚の数をもとにする量と考えます。もとにする量=比べられる量(315)÷1.26
　=250(ひき)　です。

❹ 6人が生徒の人数の1−0.985=0.015　より1.5%にあたります。生徒の人数をもとにする量と考えて、もとにする量=比べられる量(6)÷0.015=400(人)　です。

❺ ❶ 白色と黄色のペンキの量を百分率で表します。白色のペンキの歩合は2割5分なので25%、黄色のペンキの割合は0.42なので42%です。赤色のペンキの百分率もあわせて全体の100%からひきます。

❷ 白色のペンキは全体の25%で30dLです。ペンキ全体の量は，30÷0.25　で求められます。ペンキ全体の量を求め，黄色のペンキは全体の42%にあたることから，0.42をかけます。

❸ 赤色のペンキは全体の28%で35dLにあたります。全体は100%なので100%にあたるペンキの量を求めます。28%は割合を表す数では0.28となるので，100%にあたる量は35÷0.28＝125(dL)　です。35dLを0.28でわります。

❻ 問題文の内容を整理しましょう。
さとるさんのお金：はるかさんのお金の9割
ゆうきさんのお金：はるかさんのお金の120%で1500円　です。ゆうきさんの持っているお金がいくらかわかっているので，まず，ゆうきさんの持っているお金からはるかさんの持っているお金を求め，次に，はるかさんの持っているお金からさとるさんの持っているお金を求めます。
ゆうきさんの持っているお金ははるかさんの持っているお金の120%で1500円なので，はるかさんの持っているお金は1500÷1.2＝1250(円)です。さとるさんの持っているお金は，はるかさんの持っているお金である1250円の9割なので1250×0.9＝1125(円)　です。

❼ もとの長方形のたての長さと横の長さを1とします。たての長さは20%短くしたので割合は1－0.2，横の長さは10%短くしたので割合は1－0.1と表せます。このときの長方形の面積はもとの長方形の(1－0.2)×(1－0.1)＝0.8×0.9＝0.72　の割合となります。0.72の割合が面積72cm$^2$にあたるので，1の割合にあたる面積は72÷0.72　の式で求めます。

## 標準 レベル＋　112～113ページ

例題1　①1＋0.4(1.4)，2800
②2800，1－0.2(0.8)，2240
❶ 式 4000×(1＋0.2)＝4800

答え 4800円

例題2　0.12，60

❷ 式 600×0.14＝84

答え 84g

❸ ❶ 式 500×0.1＝50
500－50＝450

答え 450g

❷ 式 50÷(500－100)×100＝12.5

答え 12.5%

### 考え方

❶ 定価＝仕入れね
×仕入れねを1として利益をたした割合(1＋割合を表す数)　です。

❷ 食塩水にふくまれる食塩の重さ＝食塩水の重さ×食塩水のこさの割合を表す数　です。

❸ ❶ 食塩水にふくまれる食塩の量を求めます。
食塩水の重さ＝食塩の重さ＋水の重さ　なので，食塩水の量500gからふくまれる食塩の量をひいた量が水の量です。

❷ 水がじょう発したとき，水だけがへると考えます。ふくまれる食塩の量は変わらないことに注意しましょう。

## ハイ レベル＋＋　114～115ページ

❶ ❶ 式 ア　1500×(1－0.2)＝1200
イ　1800×(1－0.25)＝1350
答え (店)ア　1200円　(店)イ　1350円
❷ (店)ア

❷ ❶ 式 600×0.16＝96

答え 96g

❷ 式 96÷(600＋200)×100＝12

答え 12%

❸ 式 子どもの人数を1とします。
297÷1.65＝180
297－180＝117

答え 117人

❹ ❶ 式 2400÷1.2＝2000

答え 2000円

❷ 式 4000÷100＝40
2040÷2400＝0.85
1－0.85＝0.15

答え 15%

⑤ ❶ 式 800×0.008＝6.4

答え 6.4g

❷ 式 食塩水の量を□gとします。

6.4÷□×100＝0.5

6.4÷□＝0.5÷100＝0.005

□＝6.4÷0.005＝1280

1280－800＝480

答え 480g

## 考え方

❶ ❶ 店アでは定価の2割びきで売っているので，定価の1500円に1－0.2＝0.8 をかけます。店イでは定価の25％びきで売っているので，定価の1800円に1－0.25＝0.75 をかけます。店アと店イでは，定価がちがうことに注意しましょう。

❷ ❶から，安いねだんで買える店アのほうが得といえます。

❷ ❶ 食塩水にふくまれる食塩の量＝食塩水の量×ふくまれる食塩の割合 です。

❷ 水だけを200g加えたので，食塩水の量は200gふえて800gとなりますが，ふくまれる食塩の量は変わりません。ふくまれる食塩の量は❶で求めた96gです。食塩水の問題で，水をじょう発させたり加えたりすることがあります。このとき，水の量が変わるので食塩水の量は変わりますが，ふくまれる食塩の量は変わらないことに注意しましょう。

❸ 子どもの人数を1とします。大人の人数＝子どもの人数×0.65 です。子どもと大人の人数の合計は1＋0.65＝1.65 と表せます。1.65の割合にあたる人数が297人なので，1にあたる子どもの人数は，297÷1.65 で求められます。297人から子どもの人数をひいた人数が大人の人数です。

❹ ❶ 定価に2割の利益がふくまれているので，仕入れね×(1＋0.2)＝定価 です。仕入れね＝定価÷1.2 です。定価に2400をあてはめて，2400÷1.2＝2000(円) です。

❷ 品物100個分の利益が4000円なので，1個分の利益は40円です。❶から，仕入れねは2000円なので，1個2000＋40＝2040(円)で売ったことになります。2040円が定価

2400円の何％であるかは，2040÷2400＝0.85 より85％です。定価の85％で売ったので，定価から15％ねびきしています。

⑤ ❶ 食塩水にふくまれる食塩の量＝食塩水の量×ふくまれる食塩の割合 です。0.8％は割合を表す数では0.008です。

❷ 食塩水の量を□gとして，食塩水のこさ(％)＝ふくまれる食塩の重さ÷食塩水の重さ×100の式にあてはめます。ふくまれる食塩の量は❶から6.4g，食塩水のこさは0.5％です。□は水を加えたあとの食塩水の量なので，加えた水の量は，□からもとの食塩水の量をひいた量です。

標準 レベル＋  116～117ページ

例題1

好きな動物

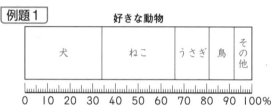

1 表：35, 16, 9, 2

( 好きな色 )

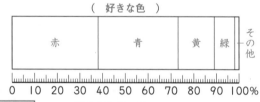

例題2

好きなスポーツ

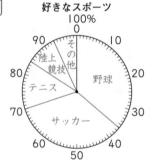

**2** 表：33, 24, 5

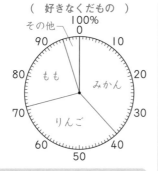

（　好きなくだもの　）

**1** 表の百分率は，それぞれの色を好きな人数÷全体の人数(200)×100　です。百分率を求め，帯グラフを区切っていきます。

**2** 表の百分率は，それぞれのくだものを好きな人数÷全体の人数(400)×100　です。百分率を求め，円グラフを区切っていきます。

## ハイ レベル⁺⁺　118〜119ページ

**①** ❶21%　63人

❷式 400×0.43−400×0.16=108

答え　108人

❸式 小学生　300×0.06=18
中学生　400×0.07=28
高校生　200×0.05=10
28−10=18

答え　18人

❹ア　×　イ　○

**②**

| おかし | 作っている量(kg) | 百分率(%) |
|---|---|---|
| チョコレート | 24750 | 33 |
| クッキー | 18000 | 24 |
| キャンディー | 12750 | 17 |
| ガム | 11250 | 15 |
| ポテトチップス | 6000 | 8 |
| その他 | 2250 | 3 |
| 合計 | 75000 | 100 |

**③** 式 150÷1217=0.12…
80×0.12=9.6 (10)

答え　10cm

**④** 式 100−48−8−20=24
16万÷20×24=19.2万

答え　19.2万t

---

考え方

**①** ❶ 小学生の帯グラフから，図かんを借りた人の百分率を読みとります。全体の人数300人に読みとった百分率21%を割合で表した0.21をかけると人数となります。

❷ 帯グラフを読みとると，中学生で小説を借りた人は43%，伝記を借りた人は16%です。それぞれの人数を求め，差を考えます。百分率の差は43−16=27(%)　なので，400×0.27=108(人)　としてもよいです。

❸ 小学生，中学生，高校生でその他を借りた人の百分率を帯グラフから読みとり，人数を求めて比べます。全体の人数が，小学生，中学生，高校生でちがうことに注意しましょう。

❹ ア　小学生で絵本を借りた人数=300×0.49=147(人)
高校生で絵本を借りた人数=200×0.09=18(人)　なので，147人は18人の10倍より少ないのでまちがっています。
イ　図かんを借りた人数は，
小学生　300×0.21=63(人)
中学生　400×0.26=104(人)
高校生　200×0.13=26(人)　なので正しいです。

**②** それぞれの種類のおかしの百分率を円グラフから読みとります。百分率を割合で表し，全体の75000にかけて，作っている量を求めます。

**③** ベトナムのゆ出量の割合は，表より，150万÷1217万=0.123…　です。全体の長さが80cmの帯グラフで，約0.12の割合を表す長さが何cmかを求めます。

**④** 円グラフから，長野県の生産量の百分率を求めると24%です。その他は20%で，20%にあたる生産量が16万tです。100%にあたる日本のりんごの生産量は16÷0.2=80(万t)　です。80万tの24%が長野県の生産量なので80×0.24=19.2(万t)　です。

## 思考力育成問題  120〜121ページ

❶ 電気　　❷ 0.44t　　❸ 1.71t

❹ 正しいか正しくないか：正しくない。

　理由：排出量，割合を求めると，全国は1.88tで
　約65.3%。関東甲信地方は1.71tで約64.5%，
　東海地方は1.77tで約67.0%。したがって，東海
　地方では，全エネルギーに対する割合が大きいた
　め。

### 考え方

❶ 円グラフを見て判断しましょう。

❷ 円グラフから，都市ガスの一世帯あたりの年間
　$CO_2$排出量の百分率は15.3%です。排出量は，全
　体が2.88tなので，2.88×0.153＝0.44064(t)
　です。小数第三位を四捨五入します。

❸ 円グラフから，百分率は電気が65.3%，LPガス
　が5.9%です。差は65.3−5.9＝59.4(%)　で，
　電気のほうが多いです。排出量は，全体に百分率
　の差をかけて，2.88×0.594＝1.71072(t)　で
　す。小数第三位を四捨五入します。

❹ 世帯あたりの電気の使用による年間$CO_2$排出量
　は，全国　1.88÷2.88×100＝65.27…(%)
　関東甲信地方　1.71÷2.65×100＝64.52…(%)
　東海地方　1.77÷2.64×100＝67.04…(%)
　なので，東海地方では全国よりも割合が大きいで
　す。

---

## 11章　多角形と円

### 標準 レベル＋  122〜123ページ

例題1　①5，正五角形　　②4　　③4

❶ ❶正六角形　　❷42cm
　　❸120°

例題2　①右図
　　②正八角形

---

② 下図　　　　　　　③ 下図
　　　　　　　　　　　（例）

　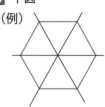

### 考え方

❶ ❶ 頂点が6つある正多角形は正六角形です。

　❷ 正多角形の辺の長さはすべて等しいので，
　　7cmの辺が6本です。

　❸ 正多角形の角の大きさはすべて等しいです。

② 円の中心のまわりの角を72°ずつに等分し，半
　径をかきます。円と半径が交わった点をむすびま
　す。円周上の2点をむすぶ直線の長さをコンパス
　ではかりとり，円周上を同じ長さに区切り，直線
　でむすんでいってもよいです。

③ 中心から等しい長さの点をそれぞれの直線上に
　とり，むすびます。中心からの長さは，直線上に
　あり，すべて等しい長さであればよいです。中心
　からの長さはコンパスで円をかいてはかりとって
　もよいです。

### ハイ レベル＋＋  124〜125ページ

❶ ❶式 180×(15−2)÷15＝156
　　　　　　　　　　　答え 156°

　❷式 180×(18−2)÷18＝160
　　　　180−160＝20
　　　　　　　　　　　答え 20°

　❸式 正○角形とします。
　　　　180×(○−2)÷○＝3240÷○
　　　　180×(○−2)＝3240
　　　　○−2＝3240÷180＝18
　　　　○＝18+2＝20
　　　　　　　　　　　答え 正二十角形

❷ ❶108°　　　　　❷72°

❸ あ45°　　　い135°　　　う45°

❹ 66°

❺ 48°

❻ 4cm²

**❼** $\frac{1}{3}$倍

## 考え方

**❶** ❶❷ 正○角形は，それぞれの頂点から，その頂点と両どなりの2つの頂点をのぞいた頂点の数である○－3(本)　の対角線をひくことができます。1つの頂点から○－3(本)　の対角線をひくと，正○角形は○－2(個)　の三角形に分けられるので，すべての角の大きさの合計は，180°×(○－2)　となります。この合計の角の大きさを○でわれば，正○角形の1つの角の大きさを求められます。

正○角形の1つの角の大きさ＝
180°×(○－2)÷○　です。

❷で1つの角の大きさは160°となるので求める外角の大きさは180°－160°＝20°　です。

❸ すべての角の大きさの和は，正多角形の1つの頂点からひいた対角線によってできた三角形の数に180°をかけた大きさです。❶の正○角形の1つの角の大きさを求める式を使って，○にあてはまる数を考えます。
180°×(○－2)＝3240°　となります。

**❷** ❶ 角あの大きさは，正五角形の1つの角の大きさです。正○角形の1つの角の大きさ＝
180°×(○－2)÷○　の式で，○に5をあてはめましょう。

あ＝180°×(5－2)÷5
　＝108°

❷ 図の色をつけた正五角形の2つの辺を2辺とする2つの三角形は二等辺三角形なので，
(180°－108°)÷2＝36°
108°－36°＝72°
い＝180°－(72°＋36°)
　＝72°

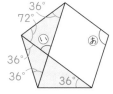

❸ 角あは，円の中心のまわりの角を8等分したものなので，
あ＝360°÷8＝45°
いは正八角形の1つの角なので135°

右の図で，色をつけた部分は二等辺三角形です。この二等辺三角形の頂角(上の角)の大きさは正八角形の1つの角なので135°，2つの底角の大きさは，(180°－135°)÷2＝22.5°　です。図で色をつけた二等辺三角形で，直線で2つに分けられた三角形のうち，上側の角うをふくむ三角形で，
う＝180°－(135°－22.5°)－22.5°＝45°
　　二等辺三角形の頂角から　　二等辺三角
　　となりの角をひいたもの　　形の底角

**❹** 三角形FCDは正三角形なので，CD＝DF，CD＝DEなので，三角形DEFはDE＝DFの二等辺三角形です。正五角形の1つの角の大きさは，
180°×(5－2)÷5＝108°　なので，二等辺三角形DEFの頂角は108°－60°＝48°　です。角あは，三角形DEFが二等辺三角形なので，
あ＝(180°－48°)÷2＝66°

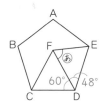

**❺** 右の図で，あの角と●をつけた角の大きさは，2つの直線が交わってできる向かい合う角なので等しいです。●の角の大きさを求めればよいので，●の角をふくむ右下の三角形に注目します。正五角形の1つの角の大きさは108°なので，
あ＝●＝180°－(180°－108°)－60°
　　＝48°

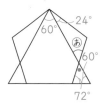

正三角形の1つの角の大きさが60°であることから，あの角をふくむ三角形に注目して求めることもできます。正三角形の頂角の両側の角の大きさは，(108°－60°)÷2＝24°
あ＝180°－(24°＋108°)＝48°

**❻** 右図のように直線をひいて，正六角形と正三角形を三角形DEFと等しい面積の三角形に分けていきます。正六角形の面積は三角形DEFが6個分，三角形DGFの面積は三角形DEFが3個分です。面積の差12cm²は，三角形

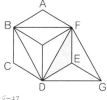

41

DEFが6－3＝3(個)　の面積なので，三角形DEF
の面積は，12÷3＝4(cm²)　です。

**7** 図のように，色のついた三角形の一部を面積が
等しい三角形にうつしていきます。まとめると，
正六角形を6つに分けた正
三角形2つ分となります。
6つに分けたうちの2つな
ので，$\frac{2}{6}＝\frac{1}{3}$(倍)　です。

---

**標準** レベル＋　　　　　　**126～127ページ**

例題1　8，3.14，25.12

**1** ❶15.7cm　　❷59.66cm　　❸94.2cm

**2** ❶15cm　　　　　❷25cm

例題2　①○，□

②3.14，6.28，9.42
2倍，3倍，…

③しています

**3** 式　40÷8＝5
または　(40×3.14)÷(8×3.14)＝5

答え　5倍

**考え方**

**1** 直径×円周率＝円周　です。

**2** 直径＝円周÷円周率　です。

**3** 直径の長さが8cmから40cmと5倍になってい
るとき，円周の長さも5倍になります。

**ハイ** レベル＋＋　　　　　　**128～129ページ**

**1** ❶式　7×2×3.14＝43.96

答え　43.96m

❷式　28.26÷3.14÷2＝4.5

答え　4.5cm

**2** ❶20.56cm　　　　❷10.71cm
❸13.42cm

**3** 式　2×3.14＋4×3.14＋(2＋4)×3.14
＝37.68

答え　37.68cm

**4** 式　37.68÷12.56＝3
大きい円の半径　37.68÷3.14÷2＝6

---

6÷3＝2
または　12.56÷3.14÷2＝2
2×3＝6

答え　3倍　大きい円　6cm　小さい円　2cm

**5** ❶31.4cm　　　　❷21.98cm

**6** 式　4×2×3.14＋4×2×3＝49.12

答え　49.12cm

**考え方**

**1** ❶ 半径の2倍が直径です。
❷ 円周の長さ÷円周率＝直径
半径＝直径÷2　です。

**2** ❶ 直径が8cmの円の円周の半分の長さと，直
径の8cmをあわせた長さです。
❷ 直径が6cmの円の円周を4でわった長さと，
半径3cmの2つ分をあわせた長さです。
❸ 直径が4cmの円の円周から，円周を4で
わった長さをひいた長さが曲線となっている
部分の長さです。この長さに半径2cmの2つ
分をあわせます。

**3** 直径が2cmの円，4cmの円，6cmの円の円周
をそれぞれ求め，それらをあわせた長さです。

**4** 円周の長さが○倍のとき，直径の長さも○倍と
なり，半径の長さも○倍となります。大きい円の
円周の長さが小さい円の円周の長さの何倍かを求
めます。半径の長さはそれぞれ，円周の長さ÷円
周率＝直径　半径＝直径÷2　から求めます。小
さい円の半径を先に求め，その3倍が大きい円の
半径として求めてもよいです。

**5** ❶ 直径が4cmの円の円周の長さの半分，直径
が6cmの円の円周の長さの半分，直径が
10cmの円の円周の長さの半分をあわせた長
さです。
❷ 直径が14cmの円の円周の長さを4でわっ
た長さの2つ分です。

**6** 糸が曲線になっている部分3つの長さをあわせ
ると直径8cmの円の円周の長さとなります。糸
が直線になっている部分の長さは，半径4cmの2
つ分(円の直径)を3つあわせた長さとなります。
糸が曲線となっている部分と直線となっている部
分の長さを分けて求めて，あわせた長さが求める
糸の長さです。

**❶**①10　　　②24　　　③15

**❷**④10　　　⑤3.6　　　⑥100

**❸**0°

**❹**できません

**❺**正しい

### 考え方

**❶** 正六角形をかいたときの命令をもとにして考えます。

①１辺の長さである10があてはまります。

②180°から正多角形の１つの角の大きさをひいた角の大きさがあてはまります。正十五角形の１つの角の大きさは，$180° \times (15-2) \div 15 = 156°$なので，$180° - 156° = 24°$　より24です。

③かこうとする正○角形の○の数があてはまるので15です。

**❷** ❶と同じように考えます。

④１辺の長さである10があてはまります。

⑤正百角形の１つの角の大きさは，

$180° \times (100-2) \div 100 = 176.4°$　なので，

$180° - 176.4° = 3.6°$　より　3.6があてはまります。

⑥正百角形なので100があてはまります。

**❸** 正○角形の○にあてはまる数が大きいほど正多角形の１つの角の大きさは大きくなるので，命令の②にあてはまる数は小さくなっていき，0°に近づいていきます。

**❹** 命令の②にあてはまる数は限りなく0に近づいていきますが，0をあてはめたとき，直線は回らないことになるので，正多角形やその他の図形をかくことはできません。

**❺** 頂点が多い正多角形ほど，１つの角の大きさは大きくなるので，円に近い形になります。

**12章　立体**

例題1 ①五角柱，円柱　　②長方形，5
③円，2

---

**❶** 表

|  | 三角柱 | 四角柱 | 五角柱 | 六角柱 | 円柱 |
|---|---|---|---|---|---|
| 側面の数 | 3 | 4 | 5 | 6 | 1 |
| 頂点の数 | 6 | 8 | 10 | 12 | 0 |
| 辺の数 | 9 | 12 | 15 | 18 | 0 |

**❶**3倍　　　　　**❷**曲面

例題2 下図

⑦ 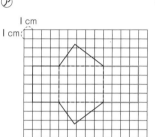　　　　　⑦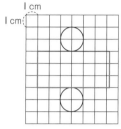

**2** 右図

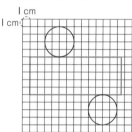

### 考え方

**❶** 角柱では，側面の数は三角柱なら3，四角柱なら4，のように，○角柱の○にあてはまる数です。円柱の側面は１つです。角柱の頂点の数は，底面の頂点の数の2倍です。辺の数は，底面2つをつくる辺の数と，高さをつくる辺の数（角柱の底面の頂点の数と等しい）をあわせた数なので，側面の数の3倍です。円柱の側面は底面の円周にそった曲面です。

**2** 円柱の展開図で，側面の形は長方形で，この長方形のたての長さは円柱の高さ，横の長さは円柱の底面の円の円周の長さとなります。底面の円周の長さ＝直径×3.14　なので4×3.14
＝12.56（cm）　です。側面の長方形が，底面の円と交わらず，はなれず，ちょうど円周上の１つの点を通るようにかきましょう。

**❶ ❶**底面…正六角形　側面…長方形

❷（正）六角柱　　　❸（面）⑦，（面）⑦
❹（面）⑦　　　　　❺6つ
❻式　12×6×4＝288

（答え）　288cm²

❷右図

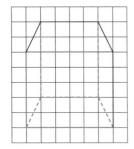

❸式　14×12÷2×2＝168
　　10×（13＋14＋15）＝420
　　168＋420＝588

（答え）　588cm²

❹❶式　○×2×3.14＝□＝56.52
　　　○×2＝56.52÷3.14＝18
　　　○＝18÷2＝9

（答え）　9

❷式　20×□＝879.2
　　□＝879.2÷20＝43.96
　　○×2×3.14＝43.96
　　○×2＝43.96÷3.14＝14
　　○＝14÷2＝7

（答え）　□…43.96　○…7

❺式　A　6×2×2×3.14＋12.56×2＝100.48
　　B　（12.56÷4×3＋2×2）×6＝80.52
　　12.56÷4×3＝9.42
　　80.52＋9.42×2＝99.36
　　100.48−99.36＝1.12

（答え）　（円柱）Aが1.12cm²大きい

### 考え方

❶❶❷ 展開図を組み立てたとき，面⑦と面⑦が底面となります。面⑦は辺の長さがすべて等しい六角形なので正六角形です。側面は長方形で，組み立てると六角柱ができます。底面が正六角形なので，正六角柱ともいいます。

❸ 角柱の底面と側面は垂直です。底面は2つあることに注意しましょう。

❹ 面⑦～面⑦を組み立てたとき，六角形のつつのようになります。この立体では，向かい合

う面は平行となります。平行なのは，面⑦と面⑦です。

❺ 角柱の側面は，底面と垂直です。底面が六角形なので，面⑦～面⑦のすべての面が底面⑦と垂直です。

❻ 面⑦～面⑦はすべて長方形です。それぞれの長方形の横の長さは底面の1辺の長さと等しいので4cmです。四角形⑦のたての長さが12cmなので，その他の長方形のたての長さもすべて12cmです。側面全体の面積は，たての長さが12cm，横の長さが4cmの長方形が6つ分です。側面全体を，たての長さが12cm，横の長さが4×6＝24（cm）　の1つの長方形と考えてもよいです。

❷ 見取図は，実際の立体で平行な部分は平行に，見えない部分は点線でかきます。四角柱の見取図をかくので，まず底面の辺がかかれていない部分を直線でむすび四角形をかきましょう。次に，かかれている高さと平行に，底面の頂点から高さをかき入れましょう。このとき，奥の見えない部分を点線でかきます。上下の2つの底面は平行なので，2つの底面のそれぞれの辺が平行になるように残りの見えない辺を点線でかき加えましょう。

❸ 底面の面積は，底辺の長さが14cm，高さが12cmの三角形2つ分です。角柱や円柱では，底面は2つであることに注意しましょう。側面の面積は，たてが三角柱の高さと等しい10cm，横の長さが底面の周の長さ13＋14＋15＝42（cm）の長方形の面積です。角柱や円柱の側面は展開図から考えると，長方形または正方形で，横の長さは底面の周の長さと等しいです。

❹❶ □にあてはまる数は，底面の円の円周の長さです。底面の円の直径の長さは，半径の長さが○cmなので○×2（cm）　です。円周の長さは○×2×3.14＝□＝56.52　です。

❷ 側面の面積はたての長さが20cm，横の長さが□cmの長方形の面積です。側面の面積が879.2cm²なので，20×□＝879.2　です。この式から□にあてはまる数を求めます。❶より，□にあてはまる数は底面の円周の長さなので，□＝43.96＝○×2×3.14　です。こ

の式から〇にあてはまる数を求めます。

**⑤** 円柱A：底面の面積は12.56cm$^2$が2つ分です。
側面の面積は，たての長さが6cm，横の長さが底面の円周の長さの長方形の面積です。底面の円周の長さは，直径は半径の2倍なので2×2×3.14＝12.56(cm) です。底面と側面の面積をあわせると100.48cm$^2$となります。

立体B：底面の面積は，12.56cm$^2$を4つに分けた面積3つ分が2つです。

底面の面積は12.56÷4×3＝9.42(cm$^2$) です。
　　　　　　　 4つに分けたうちの3つ分

側面の面積は，たての長さが6cm，横の長さが円柱Aの円周の長さを4つに分けた長さの3つ分に，半径の長さ2つ分の4cmを加えた長さです。横の長さは半径の長さ2つ分を加えることに注意しましょう。横の長さは2×2×3.14÷4×3＋2×2
　　　　　　　　　 円柱Aの円周の　4つに分けた　半径の長
　　　　　　　　　 長さ　　　　　うちの3つ分　さ2つ分
＝13.42(cm)
です。立体Bの表面全体の面積は99.36cm$^2$となります。

## しあげのテスト(1) 巻末折り込み

**1** (1)① 78.3　　②4.104　　③86.02
　　④800　　⑤3.2　　⑥9.6
　(2)① $\dfrac{133}{120}\left(1\dfrac{13}{120}\right)$　　② $\dfrac{79}{36}\left(2\dfrac{7}{36}\right)$
　　③ $\dfrac{79}{24}\left(3\dfrac{7}{24}\right)$　　④ $\dfrac{65}{126}$
　　⑤ $\dfrac{71}{30}\left(2\dfrac{11}{30}\right)$　　⑥ $\dfrac{8}{25}$

**2** (1)① 960cm³　　②5500cm³
　(2)① ⊕　　②⑦
　(3)① 150°　　②20°

**3** (1)① 71.4cm　　②53.68cm
　(2)① 3　　②6　　③2

**4** (1) $\dfrac{8}{3}\left(2\dfrac{2}{3}\right)$倍　　(2)22店以上24店以下

**5** (1)① □×2=○
　　②⑦4　　④3　　⑨8　　㋓5
　　③
水を入れる時間と水の深さ
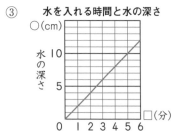
　(2)2点

**6** (1)125L　　(2)(秒速)約1.2m

### 考え方

**1** (2)① 分母を120にそろえます。
　　② 分母を36にそろえます。
　　③ 分母を24にそろえます。
　　④ 分母を126にそろえます。
　　⑤ 分母の最小公倍数は30です。
　　⑥ 小数を分数になおして計算します。

**2** (1)① 右の図のように、3つの直方体に分けて考えます。
10×12×4
+10×8×4
+10×4×4=960(cm³)
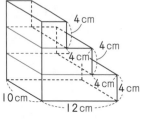

② 右の図のように、たて20cm、横25cm、高さ15cm
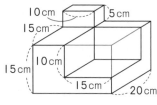
の直方体からたて15cm、横15cm、高さ10cmの直方体を切りとり、たて5cm、横10cm、高さ5cmの直方体と合わせます。
　(3)① • =(180°−40°)÷2=70°
　　▲ =180°−50°×2=80°
　　⑦= • + ▲ =70°+80°=150°
　　② 正三角形の1つの角は60°だから、
　　④=(60°−20°)÷2=20°

**3** (1)① 直径が20cmの円の円周の長さの半分と、20cmの直径2つ分を合わせた長さです。
　　② 直径が16cmの円の円周を4でわった長さの3つ分と、半径8cmの2つ分を合わせた長さです。
　(2)① 正六角柱は底面が正六角形、側面が長方形です。正六角形や長方形では、向かい合う辺が平行です。
　　③ 辺アキは側面の長方形の1辺で、2つの底面に対して垂直で、正六角柱の高さを表します。

**4** (1) 何倍かを求めるときは、割合のまま比べて求めることができるので、40÷15=2 $\dfrac{2}{3}$ (倍)です。
　(2) 軽食の店の割合は、小数で表すと0.065以上0.075未満と考えられるので、実際の店の数は326×0.065=21.19、326×0.075=24.45より、22店以上24店以下となります。

**5** (1)① □が2倍、3倍、…となるとき、○も2倍、3倍、…となるので、○は□に比例しています。
　(2) 4教科の合計点は、平均点×3+(平均点+8)=平均点×4+8だから、4教科の平均点は、(平均点×4+8)÷4=平均点+2(点)です。

**6** (1) 1kgは、16÷12.8=1.25(L)だから、100kgは1.25×100=125(L)です。
　(2) 1分間に歩く長さは、45×160=7200(cm)=72(m)です。
　　1秒間に歩くのは、72÷60=1.2(m)です。

## しあげのテスト(2)　　巻末折り込み

**1** (1)① 81.7　　② 1.898　　③ 4.89
　　④ 700　　⑤ 8あまり0.5　　⑥ 5.6

(2)① $\dfrac{59}{60}$　　② $\dfrac{11}{6}\left(1\dfrac{5}{6}\right)$　　③ $\dfrac{25}{36}$

　　④ $\dfrac{5}{18}$　　⑤ $\dfrac{17}{24}$　　⑥ $\dfrac{61}{45}\left(1\dfrac{16}{45}\right)$

**2** (1)①⑦ 50°　　① 85°　　② 96°
(2) 168cm²　　　　(3) 34cm²
(4)⑦ 40°　　　　① 140°

**3** (1)三角柱　(2)面⑦, 面①, 面⑦　(3)600cm²

**4** (1)105cm　　　　(2)35まい

**5** (1)5000さつ　　　　(2)910さつ

**6** (1)②, ③　　(2)120個　　(3)24人
(4)77点　　(5)2時間5分　　(6)375人

### 考え方

**1** (1)①
```
      38
    ×2.15
    ─────
     190
      38
      76
    ─────
    81.70
```
⑤
```
        8
   2,7)22,1
       21 6
      ─────
        0:5
```

(2)① 分母を60にそろえます。
　④ 分母を90にそろえます。
　⑤ 分母の最小公倍数は24です。
　⑥ 小数を分数になおして計算します。

**2** (1)① 右の図の
　　　ように角の
　　　大きさを求
　　　めることが
　　　できます。

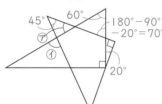

　　　⑦＝180－(60＋70)
　　　①＝180－(45＋⑦)
　　② ・＋。＋138°＝180°なので,
　　　・＋。＝180°－138°＝42°
　　　⑦＝180°－(・＋。)－(・＋。)
　　　　＝180°－42°－42°＝96°
(2) 三角形ACDの高さは, 48÷8×2＝12(cm)
　　です。図の台形と三角形の高さは等しいので,
　　台形ABCD＝(8＋20)×12÷2＝28×12÷2
　　＝168(cm²)になります。
(3) ひし形と三角形を合わせた形です。

ひし形の面積
＝一方の対角線×もう一方の対角線÷2だから,
8×6÷2＝24(cm²)
三角形の面積＝底辺×高さ÷2だから,
5×4÷2＝10(cm²)
(4) 正〇角形の1つの角の大きさ＝180°×(〇－2)
　　÷〇の式で, 〇に9をあてはめましょう。
　　①＝180°×(9－2)÷9＝140°

**3** (3) 面①～①はすべて長方形です。側面全体を
　　たて20cm, 横12＋13＋5＝30(cm)の1つの
　　長方形とみると面積は, 20×30＝600(cm²)

**4** (1) 15と21の最小公倍数を求めて, 105です。
(2) しきつめる板のたては15cmなので, 105
　　÷15＝7(まい) です。横は21cmなので,
　　105÷21＝5(まい) です。たて7まい, 横5
　　まいの長方形の板をすきまなくしきつめるの
　　で, 全部で7×5＝35(まい)必要です。

**5** (1) 1900÷0.38＝5000(さつ)
(2) 自然科学と社会科学の本を合わせた割合は,
　　全体の100－38－34＝28(%)だから, 自然
　　科学の本は全体の28×0.65＝18.2(%)ある
　　ので, 5000×0.182＝910(さつ)

**6** (1)② 時間＝道のり÷速さより, 商が一定だか
　　　ら, 比例の関係です。
　　③ 円周＝直径×3.14より, 比例の関係で
　　　す。
(2) 容器の体積は, 10×8×12＝960(cm³)で,
　　さいころの体積は2×2×2＝8(cm³)だから,
　　960÷8＝120(個)入れることができます。
(3) 子どもの人数は, 1人に分けたみかんの個数
　　とバナナの本数でわりきれないといけないの
　　で, 120と72の公約数になります。条件よ
　　り, 子どもの人数をできるだけ多くするので,
　　最大公約数を求めればよいことになります。
(4) 4教科の平均点×4＝4教科の合計点です。
(5) 10000÷400＝25より, 10kmは400mの
　　25倍です。5×25＝125(分)＝2時間5分
(6) もとにする量＝比べる量÷割合だから, 女
　　子生徒は45÷0.3＝150(人), 女子生徒は全
　　体の100－60＝40(%)だから, 全体は,
　　150÷0.4＝375(人)